U0353548

本书编写项目组（以姓氏拼音排序）

主编：钟杨

副主编：王奎明

各章编写成员：

第一章：钟杨

第二章：高雪花　黄奕雄

第三章：蒋建忠

第四章：宋明思　郑浩

第五章：韩舒立　杨树飞

第六章：殷航

第七章：王奎明

中国城市居民环保态度蓝皮书

2018

钟杨 主编

王奎明 副主编

上海人民出版社

目　录

第一章 绪 论

大自然是人类赖以生存的环境。不幸的是,我们赖以生存的环境在现代化和经济发展的过程中正在遭受到前所未有的破坏,直接威胁到了人类的生存。中国是世界上最大的发展中国家,同时也是世界上环境污染和生态系统退化较严重的国家之一。前中国环保部部长陈吉宁曾表示,目前中国的环境形势十分严峻,主要表现在三个方面:"一是环境质量差。雾霾的问题、水体富营养化的问题、地下水污染的问题、城市黑臭水体的问题等等。二是生态损失比较严重,特别是水体的生态损失。三是由于产业布局不合理,大量的重化工企业沿河、沿湖、沿江的布局仍然带来比较高的环境风险。环境问题已经成为我们实现全面小康的瓶颈问题。"①环境污染已经成为中国可持续发展的重要拦路虎。

可喜的是,中国政府已经充分意识到了治理环境污染的重要性,并将保护环境放在了一个非常重要的位置。2013 年国家主席习近平在哈萨克斯坦纳扎尔巴耶夫大学发表题为《弘扬人民友谊 共创美好未来》的重要演讲时表示,我们既要绿水青山,也要金山银山。宁要绿水青山,不要金山银山,而且绿水青山就是金山银山。中国绝不能以牺牲生态环境为代价换取经济的一时发展。2015 年 3 月 24 日,中央政治局审议通过《关于加快推进生态文明建设的意见》,把"坚持

---

① http://www.chinanews.com/gn/2015/03-07/7109870.shtml.

绿水青山就是金山银山"这一重要理念正式写入了中央文件。中共十九大报告中称"建设生态文明是中华民族永续发展的千年大计"，提出"保护环境就是保护未来"。近些年来，中国政府采取了若干严厉的环保措施。比如，2015年1月出台了被称为"史上最严"的《环保法》。这个法案可以用六句话来总结，即立法理念创新、技术手段加强、监管模式转型、监管手段强硬、鼓励公众参与、法律责任严厉。另外，中央还建立了环保督查制度，中央环保督察组对全国31个省自治区、直辖市实现了全覆盖。特别值得指出的是，污染治理效果已经与地方政府官员考核绩效挂钩，这改变了以往一切以"经济发展优先"为主要内容的地方政府干部考核模式。2015年国家主席习近平亲自参加气候变化巴黎大会，提出"将于2030年左右使二氧化碳排放达到峰值并争取尽早实现，2030年单位国内生产总值二氧化碳排放比2005年下降60%—65%，非化石能源占一次能源消费比重达到20%左右，森林蓄积量比2005年增加45亿立方米左右"。①2016年9月中国政府正式向联合国交存了中国气候变化《巴黎协议》批准文书，向全世界宣誓中国政府将承担环境保护的国际义务。

但是我们都知道，环境治理不仅是政府的责任和工作，它也是全体国民的责任和义务。首先，民众是环境污染首当其冲的受害者，也就是说，民众是保护环境最重要的利益攸关者。正因为民众是环境污染的主要受害者，他们需要有高度的环保意识和一定的环保知识。只有这样，他们才能推动政府采取环境保护措施，监督政府是否真正实施了环保措施。其次，环境污染主要是人为造成的，这里面跟民众的生活方式和行为有着密切的关系，如绿色出行、节约用水用电、垃圾分类等等。民众只有环保意识和环保知识还不够，他们还要有环保的行动与决心。也就是说，解决环保污染问题一定要有民众的参

---

① http://world.people.com.cn/n1/2017/0607/c1002-29322132.html.

与。我们认为,要想改善环境质量,最根本的是要改变人的传统思维,进而改变人的行为。最后,政府环境治理绩效有客观的一方面,即各种环保指标的达成。但民众的主观感受也非常重要。政府的环保工作要做到让民众满意。在当今"以人为本"的政府管理理念之下,公众对环保的评估,特别是对政府环境治理的评估,至关重要。政府环境治理得好不好,百姓最有发言权。公众的感受和认知已经逐渐成为政府绩效评估的重要组成部分。当然,我们也在蓝皮书中用了有关的客观数据。

在这个背景下,我们出版了《中国城市居民环保态度蓝皮书(2018)》,这是国内目前唯一的关于城市居民环保态度与行为的系统调查和研究。这个蓝皮书主要数据来源于上海交通大学民意与舆情研究中心于2017年进行的电话抽样问卷调查。上海交通大学民调中心分别在2013年和2015年做过两次关于中国城市居民环保态度调查,分别出版了两本蓝皮书。2017年的调查是第三次调查。同上两次调查结果一样,这次调查结果通过媒体公布之后,在社会上引起不小反响,国内几十家媒体对此做了报道。

我们三本蓝皮书的一个共同特点是重点研究大城市(见表1.1)。原因有以下几个。首先,中国的工业化主要是在都市地区或都市周边地区,都市交通工具的汽车化,都市的用电量和北方城市冬季大量用煤取暖,这些都造成了都市是中国污染的重灾区。其次,中国改革开放几十年的一个重大变化是城市化。目前我国城市户籍人口已经超过了农村户籍人口,如果要计算常年在城市里打工的农村户籍人口,中国当前大多数人实际生活在都市地区。再次,中国治理污染的财力、技术和其他资源也都集中在都市地区,有治理污染的能力。最后,都市城市人口平均教育水平较高,环保意识相对较强,如果在环保方面人的行为可以变化的话,城市居民变化的可能性较大。我们认为以上几个原因导致城市是中国治理环境污染的希望所在。

表 1.1　所调查城市

1. 直辖市			
北　京	上　海	天　津	重　庆
2. 省会城市和副省级城市			
长　春	长　沙	成　都	大　连
福　州	广　州	贵　阳	哈尔滨
海　口	杭　州	合　肥	呼和浩特
济　南	昆　明	兰　州	南　昌
南　京	南　宁	宁　波	青　岛
沈　阳	深　圳	石家庄	太　原
武　汉	乌鲁木齐	西　宁	西　安
厦　门	银　川	郑　州	

《中国城市居民环保态度蓝皮书(2018)》的数据来源于电话随机抽样问卷调查。调查单位是上海交通大学民意与舆情调查研究中心。调查采用了国际先进的计算机辅助电话问卷调查系统(CATI)。该中心于 2017 年 5—7 月对中国 35 个主要城市的居民进行了随机抽样电话问卷调查。调查按每个城市 100 个以上样本量抽取,共收集了 3 942 份有效样本。虽然单独看每个城市的代表性欠缺,但如果将 35 个城市作为一个整体,样本还是具有代表性的。我们还在多个研究维度对城市进行了排名。我们的问卷调查内容分为五个维度(见图 1.1),其分别是环境污染总体评估、基本环保知识、环保意识、对政府环境治理评估和邻避情结测评,我们认为这五个维度基本能概括公众的环保意识态度。

《中国城市居民环保态度蓝皮书(2018)》共分为七章。

第一章为绪论,综述蓝皮书出版的背景、内容和意义。

第二章主要从公众主观角度对综合环境污染程度、水安全性和食品安全性这三个方面对我国城市环境污染状况进行总体评估,并依据综合环境污染程度等变量对我国 35 个主要城市进行环境状况排

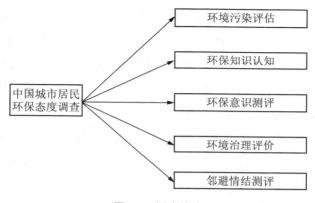

图 1.1 调查维度

名,以此反映社会公众环境评价发展状况及可能趋势。我们的调查发现,从综合污染程度角度来看,一半以上(58.6%)的居民对我国城市综合污染程度持负面态度(分值处于6—10分;分值越高,污染越严重);持正面看法(1—5分)的居民占全体被访群体的40.2%。而持负面态度的居民在2015年为53.9%,2013年为51.98%。2017年数据同2015年和2013年相比,居民就城市环境污染的评价上呈现偏负面的走势。由此可见,我国城市居民对城市综合污染现状的担忧程度加深,满意度同前两次调查相比有所降低。相对而言,我国城市居民水和食品安全的满意度较高,与2013年和2015年相比有提升的趋势。同时我们也发现中国城市居民环保评估存在着地域上的差异。无论是从城市综合污染层面来看2017年中国城市环保评价排名结果,还是从水和食品安全方面来看,南方城市和沿海城市的排名相对靠前,排名靠后的城市集中在我国的北部和中部。由此可见,我国环境污染仍然存在着地理上的南北差异。这一差异也能反映出我国在城市发展上的产业差异。传统上第二产业较为集中的区域例如东北、京津冀、武汉和郑州等工业重镇都在综合环境污染排名中靠后。而宁波、昆明、深圳和长沙等地的经济支柱则逐渐转向第三产业。这也对政府在环境治理方面采取的措施产生了积极效果和推动;不过,相比较 2015 年的数据，综合污染程度排名靠前的城市和靠后的城市都有了较大的变动，且环境污染的"南北差异"问题也在逐渐缩小。这种变化也表明了中共十八大以后伴随着党中央和国务院对环境治理工作的重视，以及史上最严的法律法规政策，对我国城市环境改善起到了积极和重要的促进作用。

第三章着重了解分析了中国城市居民的环保知识与认知。调查研究发现，民众对环境污染源有一定的了解，但仍有提高的空间。另外，我们的调查也发现，中国城市居民关于"个人行为对环境的破坏力度"的认识还有待于深化。从调查的数据看，近 40％的民众认为个人的行为不会对气候变暖产生影响。35％的民众认为只是有一点的影响。产生这一认知的可能原因在于个人"原子化"意识较强，认为自己制造出来的"垃圾或有害物体"相对于工业废物来讲可以忽略不计。事实上，个人产生的废弃物数量上可能不多，但是整个民众的基数比较大，从总体来看，对环境和气候的影响便显现出来了。特别是近年来，随着汽车在家庭中的普及，个人日常生活对气候的负面作用显得更为明显。我们的调查还发现，中国城市居民的环境诉求的力度得到了提升。主要表现为在追求经济发展和环境保护问题上，民众更倾向于环保优先。接近 37％的中国城市居民认为环境保护比经济发展更重要（宁要绿水青山，不要金山银山的态度）；还有 57％的被调查的人认为保护环境与经济发展同等重要（既要绿水青山，也要金山银山的态度）。这与改革初期人们对二者的关系有了很大改变。改革开放伊始，国民经济尚处在粗放型向集约型转变的转型时期，人们只关注于经济增长的数字，却往往忽略了其背后所付出的沉重代价：对资源的掠夺式开发造成环境的极大破坏；我国近年来的生态环境问题呈几何级数增长。党的十八大以来，中国经济发展速度略有下滑，但是民众的环保意识得到了强化。宁可经济发展慢一些，也不愿影响"子孙后代"发展。城镇居民对待"环境保护"和"经济发展"两者的态度表明生态文明的理念已深入人心。

　　第四章重点从环保自觉意识、环保志愿意识以及环保公民意识三个维度了解中国城市居民的环保意识。综合来看，我国城市居民的环保自觉意识、志愿意识和公民意识普遍比较高，但是不同城市之间的差距较大。值得注意的是，与 2013 年的调查结果相比，本次调查结果从总体上看同样体现出了明显的地域分布特征。东部城市如上海、济南、天津在三项环保意识测评中都名列前茅，这说明东部经济发达地区的城市居民已经意识到环境问题的紧迫性，能够自觉地注意哪些行为会危害环境，哪些行为有助于改善环境状况。但是不同区域城市内部也有着不小的差异，东部经济较发达的城市，比如深圳，则在环保意识上表现不佳。中西部城市如兰州、昆明、长沙、重庆、成都、合肥在环保意识测评中名列前茅，但是南昌、银川、呼和浩特、乌鲁木齐则位列后十名，城市居民的环保意识较低。我们的调查也发现，在所调查的 35 个城市中，45％的人从未用过共享单车，39％的人偶尔用，只有 14％的城市居民经常用共享单车。放烟花是城市污染源之一，由于放烟花所带来的污染和人员的伤亡，中国许多城市开始在节日期间禁止放烟花。我们的调查发现，80％的中国城市居民支持假日期间禁止放烟花的政策。汽车尾气是城市污染的另外一个污染源。中国许多城市为了保护环境和舒缓交通拥堵现象而采取了汽车限号政策。我们的调查发现有接近 70％的城市居民拥护这一政策。

　　第五章主要从城市居民对政府环境治理综合评价、城市居民对政府环境信息公开评价及城市居民对政府环境治理信心三个方面对政府环境治理的公众评价进行描述和分析。我们的调查发现，城市居民对政府治理环境污染的满意度整体有显著的提高，这也说明我国政府近年来，在控制环境污染方面付出的各种治理投入和监督措施取得了一定的成效，得到了民众的认可。调查还发现，54％的城市居民认为政府环境信息非常公开或比较公开，超过了受调研总人数的一半以上。这一数据，与 2015 年相比有了较大提升，说明我国城市居民对于环境信息公开的满意度得到提高。本章还就城市居民对各级政府环境治理信心进行了分析。调查分析发现，无论是中央政府还是地方政府，2017年城市居民对政府环境治理的信心程度总体较好，较之2015年有一定提升，但是城市居民对中央政府环境治理的信心程度稍好于对地方政府环境治理的信心程度。

第六章是关于邻避运动背景下的市民环境风险感知与抗争意识方面的调查研究。调查发现，当前中国城市居民的环境风险意识和抗争意愿整体而言并不十分强烈。尽管多数市民倾向于最大限度地回避邻避设施及其所带来的环境风险，甚至有部分市民不惜通过集体抗争行动将邻避设施拒之门外，但对包括技术风险和政策风险在内的各种环境风险意识不充分，对环境抗争持观望甚至消极态度的市民也大有人在。然而，这并不意味着政府可以对城市治理中的环境问题掉以轻心：从调查数据看来，公众对环境风险的不敏感很大程度上是以政府公信力为背书的——这点从公众对风险管控技术、政府环评报告的整体信任程度以及对环境风险中的政策风险的关注度便可见一斑。而且这种信任也绝非坚不可摧，从统计结果看来，一旦政府在邻避事件中因处突不当导致政府公信力受损，市民的环境风险意识和抗争意愿便会有所抬头。

我们的调查还发现，当前国内市民群体的环境风险意识和抗争意愿在地域空间分布上存在一定差异。一方面，调查结果表明，与二、三线城市相比，一线城市的市民对环境风险更敏感，面临环境问题时对政府的信任度也较低，但在抗争意愿上却表现得"心口不一"。而其他城市的市民虽然对环境风险的敏感度处于全国平均水平，但其抗争意愿却明显高于一线城市的居民甚至全国平均水平；另一方面，相对于未发生过邻避事件的城市，发生过邻避事件的城市的市民不仅对邻避设施的容忍程度有所下降，对政府的风控能力和环评信息也表现出一定的不信任态度，并开始倾向于从技术层面感知环境风险。耐人寻味的是，邻避事件的发生似乎在某种程度上降低了市民群体参与环境抗争活动的意愿。不过,这种抗争意愿的下降可能并不代表环境风险引发的社会矛盾消失,甚至可能意味着矛盾的潜伏与积累。

最后,背景、阅历和生活环境不尽相同的市民群体,在环境风险感知与抗争意愿方面也表现出了一定差异。从统计数据看来,当前市民中的环境风险高敏群体主要集中在 30—49 岁,中低文化程度的社会群体中。另外,与党员相比,普通群众似乎对环境风险更敏感;在环境风险偏好方面,初步统计结果显示,不同环境风险偏好的居民不论是在性别、年龄,还是在文化程度方面的分布大都较为均衡。换言之,各社会特征指标对市民群体的环境风险偏好的影响可能缺乏统计意义上的显著性。这似乎与"个体特征影响人们的环境风险感知与应对策略"的传统学术观点存在一定偏差。然而,相比之下,邻避风险高敏群体和低敏群体间在个体特征方面的差异又是确实存在的。但是,导致上述悖论的原因仍然不得而知,有待后继研究的深入发掘。

第七章针对调查结果,我们提出了一些初步的政策建议。首先,我们调查发现区域差异是常态。有鉴于此,宏观层面的环境问题治理应当充分考虑到环境问题的地域性,针对特定环境问题制定区域性环保政策。具体策略包括:(1)根据环境问题的区域分布特征,同时结合市级行政单位区划,以主要环境问题类型为基准,对该类环境问题波及的主要城市进行聚类;(2)建立针对特定环境问题治理的公共数据库与资料库,并从存在此类环境问题的城市中收集环境监测指标、市民评价、环保治理策略以及治理后效等数据,并将此类数据作为城市环保绩效评比考核的依据;(3)在此基础上,实现治理经验与策略的互通共享,面对相同或近似环境问题的城市,可以从公共数据库中获取其他城市的成功案例,为治理当地环境问题提供借鉴;(4)对以上公共数据库进行持续性管理维护,包括但不限于及时上传和更新所有涵盖城市的环保数据、核实和更新资料库与案例库等,确保环保信息的准确性与时效性。总之，在宏观层面建立起基于环境问题的城市环境治理的数据平台，是进一步向中观和微观层面推行环保政策的必要保障，也是环保政策逐步细分、落实的有力支持。

其次，在中观层面，一方面应培养地方政府治理环境问题时的大局观和整体意识。这种大局观和整体意识既包括对当地环境问题的统筹认知和综合治理，也包括在面对区域性环境问题时与周边城乡政府部门的协同与合作精神；另一方面，则应进一步提升地方政府的环保信息公开程度。其中，培养地方政府在环保工作中的大局观和整体意识需要以下配套政策：(1)从制度层面上建立新的环保绩效考评机制，一方面对地方政府的环保绩效实行有侧重的全面考评，以避免地方政府只关注当地环保领域的焦点问题，采取"头疼医头、脚疼医脚"的治理政策，而忽视其他相关领域的环境问题；另一方面推行环境问题的区域治理，并尽快完善不同地方政府在区域治理过程中的权责划分和考核体系。(2)提升城市政府的环保信息公开程度。从调查结果看来，当前国内主要城市尽管在环境问题治理上多有投入，也取得了一定成绩，但政府的环保工作仍有诸多需要改进之处。特别是在环保信息公开方面，受访者虽然能够感受到周边环境的改善，但普遍认为政府在环保信息公开方面仍需要加强。而大量环保工作实践表明，及时公开环保信息有助于协调政社关系，避免各种不必要的官民冲突，且能够为共治体系提供良好的基础。有鉴于此，各城市政府有必要依法公开环保信息并逐步扩大环保信息的公开范围。(3)加强对各级政府官员的培训工作。不论是培养环保工作中的大局观与整体意识，还是在区域环境问题的治理过程中与其他地方政府相互协调，均有赖于政府官员的职业素养和工作能力。因此，唯有加强对地方政府官员的培训，才能确保环保的配套政策落到实处。

最后，在微观层面，则需要针对不同社会群体的环保意识、环保态度以及环保参与意愿，引导广大市民参与到环境问题的治理中来，并借此建立政社双方的良性互动机制与制度化、有序的公共参与机制,最终形成城市环境问题的社会共治体系。当前各类环境问题不仅层出不穷,而且影响范围也在不断扩大。各级政府近年来虽然在环保方面多有投入,但想要涵盖环境问题的方方面面,难免力有不逮。与此同时,随着城市经济发展与市民生活水平的不断提高,广大居民对环境问题的关注程度也不断上升,并且在不同程度上表达出参与环境问题治理的意愿。因此,充分调动广大公众参与环保事业的积极性,合理引导市民群体通过有序参与的方式投入到环境问题的治理中去,能有效填补政府在环保工作中的空白与不足之处。然而,不同背景、身份和阅历不尽相同的市民在环保意识和环保态度方面亦不尽相同,所以在发动和引导公众参与环保工作时也应当充分考虑到以上差异。具体而言,在调动市民群体参与环保工作,在环境问题领域建立政社共治体系的政策建议如下:(1)进一步加强对环境保护工作的宣传力度,特别是对公众常见的环保误区进行有针对性的科普宣传。例如,组织各种开放式、参与式的环保科普活动,带领居民参观净水厂、固体废弃物处理设施,在提升市民群体的环保认知的同时,提升公众参与环境问题治理的意愿。(2)从公众力所能及之处出发,在继续鼓励市民进行垃圾分类、环保出行的基础上,利用节假日开展诸如植树种草、清理社区环境等各种规模适度,与市民日常生活密切相关的环保活动,从而提升公众对环保公益事务的参与意愿。(3)以重大环保项目为契机,组织引导设施周边居民参与项目的环境立项、评估与日常运营监管,在环保问题上建立政社协商共治机制,并将该机制逐步推广到各种环境问题治理中去,以实现环保事业公共参与的常态化,补充地方政府在环保工作中的空白与不足之处。

第二章　环境污染总体评价

　　本章将通过综合环境污染程度、水安全性、食品安全性和城市居民就环境污染对其身体造成的伤害四个核心维度对全国 35 个主要城市的环境污染状况进行摸底和考察。通过城市居民的评估打分并结合城市环境污染排名，可反映出我国不同地区所面临的差异性环境污染与保护问题。本章所考察的四个问题（维度）均为当地居民的直观感受、认知和看法。我们相信调研数据和结论可以直接反映出我国主要城市所面临的环境污染与保护问题，并为政府的环保治理提供来自社会的"评估"，以及新的思维和建议。

　　环境保护问题是随着人类经济社会发展所产生的系列问题之一。其涉及与涵盖的范围与专业领域众多。从环境保护的范围看，研究对象就可以包括自然环境中的水、空气、土地等；从生物多样性角度看，还包括了动植物的保护与延续等内容。从专业领域来看，环境保护问题在当今所涉及的面不仅仅涉及自然科学，也涉及社会科学的各个领域。所以，环境保护在不同的层面有着不同的考量标准和研究对象。此次调研以中国的主要城市居民作为调研对象，把城市居民的环保意识作为研究内容。这也就说明了此次调研的范围与结果适用性。

　　城市环境保护的切入点大多与城市居民的饮食起居密切相关。城市居民正是通过每天的直观感受去体会环境的变化与政府环境治理的绩效。针对城市居民环保意识，此次调研我们着重选择了水安全性和食品安全性这两个维度作为考察的重点。主要原因是城市居民所接触的环境保护问题与非城镇居民的问题不同。从最直观的感受来说,水安全和食品安全是城市居民最为关注的问题且具有最贴切的日常感受。当然,近几年来,空气污染问题也成为民众最为关心的话题之一。

正如前文所说,环境保护问题之所以成为当前政府治理的重点之一也是因为其对于每位国民所产生的伤害。这种伤害会直接作用于公众的身心健康。所以,本章的最后一小节将通过民众认为污染对于身体健康造成伤害的程度来反映居民当前的环保认知。

第一节　城市污染总体评价

一、我国环境污染的现状与治理

在解读我国主要 35 个城市居民环境保护意识的数据之前。本节将首先梳理一下我国城市当前面临的主要挑战,主要从水污染治理和食品安全治理等两个角度进行综述与说明。

(一)水环境污染现状与治理

水是生命之源,是人类生存生活以及社会经济发展的必要条件之一。饮用水安全也是我国居民最为关注的环保问题之一。中国是一个水资源短缺的国家,且由于 30 年的集中发展,水环境恶化成为我国环境保护所面临的主要挑战。数据显示,2016 年我国有 32.2% 的地表水受到了不同程度的污染,其中严重污染占到了 8.6%;地下水中较差的级别和以上占到了 60.1%,其中极差占比 14.7%。[①]对城市居民来说,这一数据显得尤为严峻。

党的十八大以来,党中央、国务院高度重视水污染防治工作。"绿色"被列为十三五发展期间的"五大发展理念"之一。生态文明建

---

① 张博:《"中国'下猛药'治污",2018 年将交出怎样的答卷?》,中国青年网,2018 年 1 月 9 日,http://news.youth.cn/gn/201801/t20180109_11258416.htm。

设的顶层设计已初见模样。2011 年中央 1 号文件和中央水利工作会议要求实行最为严格的水资源管理制度,并确立了水资源开发利用控制、用水效率控制和水功能区限制纳污等"三条红线"。2012 年,国务院发布了《关于实行最严格水资源管理制度的意见》。2015 年,国务院印发了《水污染防治行动计划》,提出了"节水优先、空间均衡、系统治理、两手发力"的行动原则。《水污染防治行动计划》包含了238 个具体治理措施、136 个强化措施、12 个探索性措施和 90 个改革创新措施;并提出了我国到 2020 年以及到本世纪中叶的水污染防治总体目标,里边也包含了城市水污染防治的具体要求。①2016年,中共中央办公厅和国务院还印发了《关于全面推行河长制的意见》。2017 年环境保护部联合其他国务院部委连续出台了《关于加快建立流域上下游横向生态保护补偿机制的指导意见》和《关于落实〈水十条〉实施区域差别化环境准入的指导意见》。"史上最严"新《环保法》的实施也从法律层面加强了水环境治理的合法性与强制性。

根据中华人民共和国环境保护部数据中心所发布的全国主要流域重点断面水质自动监测周报显示,"2017 年第 53 周(2017 年 12 月25 日发布),全国主要水系 148 个水质自动监测断面中,共监测了 147个,其中 I 类水质断面为 18 个,占 12.20%;II 类水质断面为 74 个,占50.30%;III 类水质断面为 37 个,占 25.20%;IV 类水质断面为 8 个,占 5.40%;V 类水质断面为 3 个,占 2.00%;劣 V 类水质断面为 7 个,占 4.90%"。②这一数据与 2015 年蓝皮书引用的环境保护部的数据有了变动。通过图 2.1 我们可以清晰发现。经过两年的治理,我国主要流域的水质有了一定的改善。其中,2017 年拥有 I 类和 II 类水质的

---

① 环境保护部办公厅:《国务院印发〈水污染防治行动计划〉》,2015 年 4 月 16 日,http://www.mep.gov.cn/gkml/hbb/qt/201504/t20150416_299173.htm。

② 《全国主要流域重点断面水质自动监测周报》,中华人民共和国环境保护部数据中心,2017 年 12 月 25 日发布,http://datacenter.mep.gov.cn/index! MenuAction.action? name=402880fb24e695b60124e6973db30011。

流域同 2015 年相比分别上升了 5.20％和 3.30％。[1]可见,我国在水安全、水治理领域结果颇见成效。

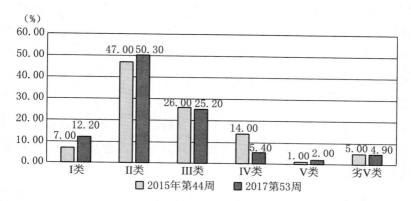

资料来源:中华人民共和国环境保护部数据中心。

图 2.1　2015 年和 2017 年我国主要流域重点断面水质自动监测周报百分比对比

　　针对城市的水治理工作,国务院各部委也通过推行全国水生态文明城市的试点工作增强市民的幸福感。自 2013 年以来,全国首批共计 46 个水生态文明城市试点工作已经基本建设完成,并且取得了一些成效。其中,部分水治理经验与技术可以进行全国推广。据了解,第一批试点城市在过去几年内,累计出台了 476 项水生态文明政策、524 项相关制度和 82 项相关技术标准。[2]这些城市将水治理作为民生工作的首要任务,在优化城市水生态格局的基础上,还大幅度提升了城市供水的质量与污水处理能力。第一批水生态文明城市的经验也为第二批水生态文明城市建设以及全国的推广提供了重要的技术和制度保障。

　　① 《全国主要流域重点断面水质自动监测周报》,中华人民共和国环境保护部数据中心,2015 年 11 月 3 日发布, http://datacenter. sepa. gov. cn/index! MenuAction. action?name＝402880fb24e695b60124e6973db30011。

　　② 刘畅:《全国首批 46 个水生态文明城市试点顺利推进》,中国经济网(《经济日报》),2018 年 1 月 15 日, http://news. sina. com. cn/c/2018-01-15/doc-ifyqqciz7133935.shtml。

（二）食品安全的现状与治理

水生态建设与治理可以说是美丽中国建设的内容之一。那么，中国食品安全的建设与治理就可以说是健康中国建设的内容之一。在我国高速的社会与经济发展的同时，食品安全性方面的矛盾与问题却日渐突出。从安徽阜阳的"空壳奶粉"，到涉及整个中国乳品行业的"三聚氰胺"事件，又到屡禁不止的地沟油、猪肉精、镉大米和毒生姜等食品安全丑闻。由于对于食品安全的担心，很多中国新生儿父母都选择出境购买婴儿奶粉；这也导致部分国家和地区对于中国游客实行了限购政策。可见，中国公众对于国内食品安全的信任程度在不断降低。

正所谓"民以食为天、食以安为先"，我国的食品安全问题也受到了国家领导人的特别关注。《中华人民共和国国民经济和社会发展第十三个五年规划纲要》将食品安全问题提升到了国家战略层面。《规划》指出："实施食品安全战略，形成严密高效、社会共治的食品安全治理体系，让人民群众吃得放心。"①中国所面临的食品安全危机早已不仅仅是一个民生问题，而已变成了重大的政治问题。中共中央总书记习近平同志也指出："食品安全是对执政能力的重大考验"。②可见，中央领导对于食品安全问题也愈发重视。

食品安全问题一般来说有两个方面的原因。一个是无良商人因追求利益而造假或超标添加；另一方面也是我国食品安全领域法律法规的制度建设和执法能力仍然有待提高。我国食品主要面临的安全风险包括了土壤污染、农药化学品过量使用和残留、超范围和超限量使用食品添加剂、假冒伪劣及质量不合格等。基于这些原因，中央出重拳整治食品安全领域的乱象，习近平总书记要求用"最严谨的标

---

① 新华社：《中华人民共和国国民经济和社会发展第十三个五年规划纲要》，2016年3月17日，http://news.xinhuanet.com/politics/2016lh/2016-03/17/c_1118366322.htm。
② 文静：《习近平：食品安全是对执政能力的重大考验》，《京华时报》，2013年12月25日，https://news.qq.com/a/20131225/000446.htm。

准、最严格的监管、最严厉的处罚、最严肃的问责"[1]为指导建立食品安全治理体系。全国人大常务会议也在 2015 年通过了被称为"史上最严"的《食品安全法》。

食品安全无论是从技术还是制度上都涉及多个环节，但城市公众日常最直观的感受主要来自食用农产品的质量安全（例如：蔬菜、水果、大米等），也包含食品流通过程以及餐饮环节的食品安全。《2016 年中国食品安全状况研究报告》显示，在 2016 年全国 152 个大中城市的例行检查中，"蔬菜、水果、茶叶和水产品的抽检合格率分别为 96.8％、96.2％、99.4％和 95.9％，分别比 2015 年上升 0.7 个、0.6 个、1.8 个和 0.4 个百分点；畜禽产品抽检合格率为 99.4％，其中瘦肉精抽检合格率为 99.9％，均与 2015 年持平"。在食品流通与餐饮环节的食品安全的抽查显示，超市的合格率最高，其次是农贸市场和网购，小杂食店和批发市场排名垫底。[2]

食品安全问题对于大多数民众而言其自身体会与空气污染或水污染相比敏感度略低。新闻资讯的传播可能说是民众最为贴切地感受到食品安全问题的时刻。例如在出现食品安全丑闻等信息传播下，社会公众对于食品安全问题的关注度会迅速上升。在没有食品安全丑闻的时候，公众对于食品安全的直观感受保持在稳定状态。《2016 年中国食品安全状况研究报告》还显示（见图 2.2），基于全国 10 个省（自治区）关于公众食品安全满意度的纵向研究：自 2012 年以来公众对于食品安全的满意度均保持在 50％以上，且在 2014 年后保持了满意度的小幅度上升。这一结果的驱动因素可能是多方面的，但肯定与国家日益增强的制度建设和执法能力提升密切相关。

---

[1]　新华网：《习近平："4 个最严"监管食品药品安全，把好每道防线》，2015 年 5 月 31 日，http://news.xinhuanet.com/finance/2015-05/31/c_127860707.htm。

[2]　《2016 年中国食品安全状况研究报告》，《中国食品安全报》，2017 年 12 月 21 日，http://paper.cfsn.cn/content/2017-12/21/content_57633.htm。

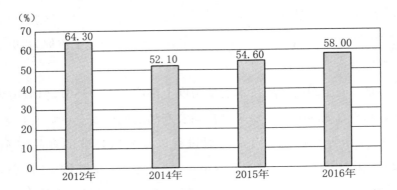

资料来源:《2016 年中国食品安全状况研究报告》。

图 2.2　公众食品安全满意度百分比

二、环境污染总体评价

本节以 2017 年中国城市居民环保意识调查数据为分析基础,同时也会与 2015 年的中国城市居民环保意识调查的数据进行比较分析,从纵向时间上探讨城市居民的环保认知与感受。本部分所涉及的问题包括:第一,综合污染程度:您给您所在城市的综合污染程度打几分? 第二,水安全性:您对您喝的水的安全性打几分? 第三,食品安全性:您对您吃的食品的安全性打几分? 第四,污染造成的伤害:您认为您所在城市的污染对您的身体造成了伤害吗? 基于以上四个问题和受访公众的评估,我们对综合污染程度、水安全性、食品安全性和环境污染对身体的伤害这四个方面对 35 个城市分别进行了得分排名。此外,为了更好了解每一个城市公众对环境保护的具体感受,我们单独对每一个城市的情况进行了简单分析与推测。

针对中国主要 35 个城市环境污染的整体状况,如图 2.3 显示,有 58.64％的居民对我国城市综合污染程度持负面态度(分值处于6—10分;分值越高,污染越严重);持正面看法(1—5 分)的居民占全体被访群体的 40.19％。而持负面态度的居民,在 2015 年为 53.90％,2013 年为 51.98％。2017 年数据同 2015 年和 2013 年相比,居民就城市环境污染的自我认知上呈现偏负面的走势。由此可见,我国居民对城市综合污染现状的担忧程度加深,满意度同前两次调查相比有所降低。

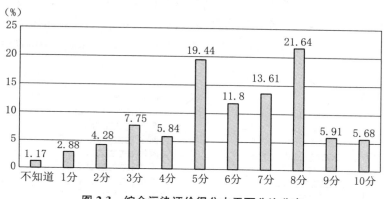

图 2.3　综合污染评价得分水平百分比分布

从城市综合污染排名结果来看,如图 2.5 所示,在全国 35 个城市中,城市综合污染程度较高(分值高)的城市主要集中于我国的中部和北部,如沈阳、武汉、北京、天津、郑州等。而城市综合污染指数较低(分值低)的城市以东南沿海和西南地区为主,如宁波、昆明、深圳、长沙、贵阳等。不过,结合图 2.4 可以发现,2017 年数据所呈现地理上的南北差异或东西差异没有 2015 年数据明显。另外,2017 年综合污染最重的十个城市的排名和最轻的十个城市的排名同 2015 相比也有了较大的变化。

2015 年综合污染最重十个城市中的天津、武汉、北京、广州和郑州在 2017 年的排名中仍然靠后。需要特别指出的是,在 2015 年度排名前十的海口、厦门和南宁跌至此次调查的后十名。这一结果表明三座城市的环境污染恶化明显。与之相比,2015 年度排名靠前的贵阳、青岛和昆明在 2017 年的排名中仍然处于前十名。除此以外,新晋前十的城市当中的宁波、兰州、长沙和乌鲁木齐提升明显。相比 2015 年排名,宁波从第 13 名上升至第 1 名,兰州从第 24 名上升至第 3 名,长沙从第 21 名上升至第 7 名,乌鲁木齐从第 19 名上升至第 9 名。在

城市综合污染改善方面来看，2015 年排名靠后的成都、石家庄、济南、
太原和西安在 2017 年度排名中均有所提升，不再属于最后十名。其
中，石家庄的排名从第 35 名上升到第 24 名，成都从第 30 名上升到第
11 名，济南从第 29 名上升到第 18 名。可见，石家庄、成都和济南的
城市环境污染环境得到了巨大改善。其他城市仍基本处于中间位置。

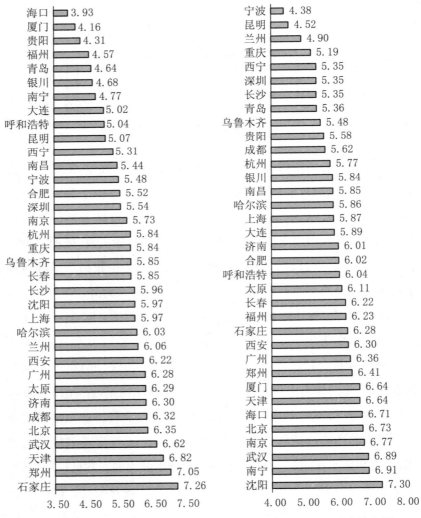

图 2.4　2015 年城市综合
污染程度得分排名

图 2.5　2017 年城市综合污
染程度得分排名

（一）水安全评价

图 2.6 显示了我国 35 个城市居民对城市水安全方面的整体评价。就评价结果来看，73.50％的居民对我国城市水安全性持正面看法（6—10 分，分数越高越安全），25.59％的居民持负面看法（1—5 分，分数越低越不安全）。与 2015 年的数据相比，城市居民对水安全持正面看法的人提升了 7.00％（2015 年为 66.50％）。由此可见，我国 35 个主要城市居民对于水安全满意度较高且有持续提升的趋势。不过，城市居民中仍有超过四分之一对于城市水安全存在担忧。这表明我国城市水安全工作还有待提升的空间，各级政府应当因地制宜找到当地居民的主要担忧并着力解决。

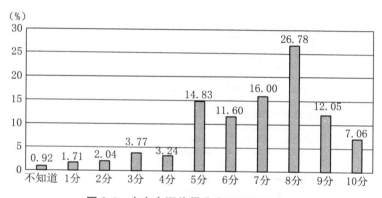

图 2.6 水安全评价得分水平百分比分布

从城市水安全性排名角度看，如图 2.7 所示，城市水安全排名比较靠前（水安全性得分比较高）的城市大多为南方城市，如南京、南宁、昆明、海口、厦门、贵阳等。与 2015 年调查数据相比，海口、厦门、贵阳、南宁、武汉和南京六个城市继续保持在前十名。从排名提升的角度看，沈阳和北京的排名提升速度最快，分别从 2015 年的第 30 名和第 31 名上升到 2017 年的第 1 名和第 3 名。由此可见，市民可以深刻地感受到这两个城市的水治理在过去两年间取得了令人瞩目的成绩。而水安全排名靠后（水安全性得分比较低）的城市大多为内陆城市,如呼和浩特、银川、乌鲁木齐、石家庄、太原、兰州和西安。与2015年数据相比,兰州、上海、太原、石家庄和呼和浩特五个城市仍然位列水安全评价后十名。从排名降低的角度看,与2015年相比,银川、乌鲁木齐、深圳和西安下降较为明显。以上四座城市连同广州进入评分倒数十名的城市。综上所述,可以看出,我国城市的水安全治理呈现出了提升和恶化并存的情况。针对这一情况,政府之间可以增进沟通,就水治理的制度建设和执法等情况进行交流学习。

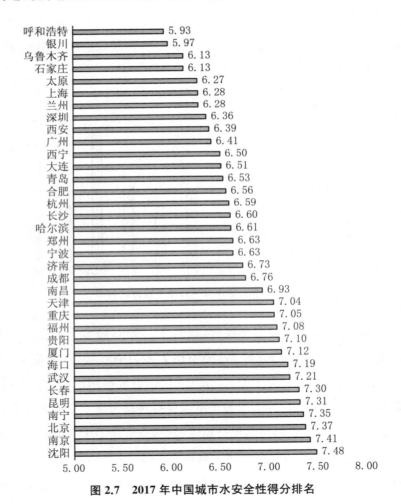

图2.7 2017年中国城市水安全性得分排名

（二）食品安全评价

图 2.8 显示了我国 35 个主要城市居民对所在城市的食品安全评价。从居民的主观评价来看，有 68.60％的居民对城市中的食品安全持正面看法（6—10 分，评分越高，安全性越高），30.61％的居民对食品安全持负面看法（1—5 分）。同 2015 年的调查数据相比，持正面看法的居民比例上升了 12.90％（2015 年为 55.70％），持负面看法的居民比例下降了 13.69％（2015 年为 44.30％）。由此可见，总体来看，我国 35 个城市的食品安全治理取得了显著的效果，居民的满意度快速上升。但是，我们仍然不能忽略仍有近三分之一的居民对于食品安全仍然持怀疑的负面态度，可见，我国各级政府在食品安全领域的治理工作还可以更进一步，以增强人民对此的信心。

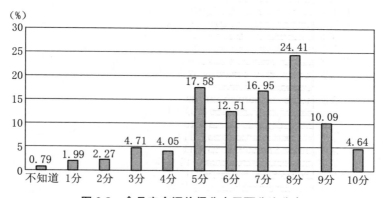

图 2.8　食品安全评价得分水平百分比分布

从城市食品安全性排名来看，如图 2.9 所示，城市食品安全排名比较靠前（食品安全性得分比较高）的城市并未呈现出地理差异。与2015 年的数据进行对比后，我们发现南宁、南京、厦门和海口四座城市再次进入食品安全性评分的前十强。从食品安全评分排名上升的角度看，同 2015 年的数据相比，沈阳从第 26 名上升到第 1 名，北京从第 18 名上升到第 2 名，武汉从第 24 名上升到第 5 名，天津从第 15 名上升到第 7 名，福州从第 25 名上升到第 8 名，以及长春从第 35 名上升到第 9 名。由此可见，这些城市在过去两年间在食品安全治理领域取得了瞩目的成绩。而食品安全排名靠后（食品安全安全性得分比较低）的城市大多为内陆城市，如长沙、银川、石家庄、西宁、哈尔滨、呼和浩特和贵阳等。同 2015 年的排名相比，大连、石家庄、哈尔滨、呼和浩特和深圳仍然排名倒数，处于食品安全评分最低的十个城市。由此可见，这几个城市的食品安全在过去两年间未取得实质性进步。同 2015 年数据比较后发现，上海、长沙、银川、西宁、贵阳等城市排名下降明显。

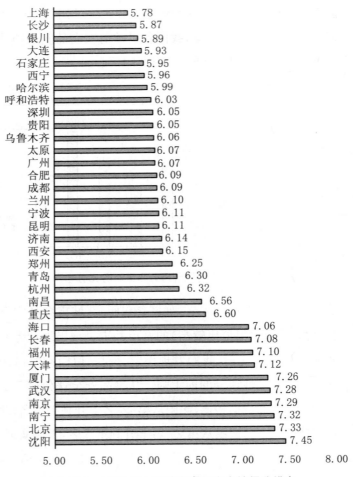

图 2.9 2017 年中国城市食品安全性得分排名

此外,我们需要额外注意的是,正如之前提到的,食品安全性同空气质量或水安全相比,居民的感知程度略低。且接触的渠道大多以新闻传播和网络舆论为主。所以,我国各级政府在进行食品安全治理的同时也应当研究网络舆论的发展。《2016 食品安全网络舆情研究报告》就指出了网络谣言数量的增加、辟谣信息的不充分和时效性欠缺、网络谣言的影响范围和暴露程度等都已对我国当前公民的食品安全意识和认知产生了影响。[①]所以,各级政府有必要认真对待食品安全的网络舆情。

(三)污染对人体的伤害

环境污染不仅对于经济发展产生直接或间接的消极影响,同时也直接或间接地对人体身心健康造成伤害。当各种超标或禁止的生物和化学要素进入到大气、水和土壤环境中,人们在长期或短期服用或接触后身体会出现不同程度的反映。安徽阜阳事件中的"大头娃娃"和我国超过 200 个的"癌症村"[②]都为食品安全以及水安全治理的紧迫性敲响了警钟。

图 2.10 显示了我国 35 个城市居民对环境污染对其身体造成伤

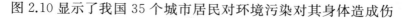

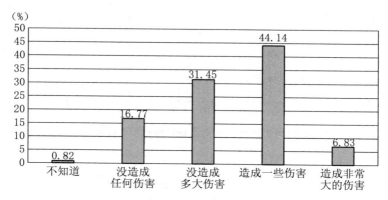

图 2.10　环境污染对居民身体健康造成的伤害百分比分布

---

① 《2016 食品网络舆情研究报告》,《中国食品安全报》,2017 年 12 月 21 日,http://paper.cfsn.cn/content/2017-12/21/content_57632.htm。

② 财经网:《中国工程院院士王浩:中国癌症村数量超过 200 个》,2013 年 9 月 17 日,http://politics.caijing.com.cn/2013-09-17/113311276.html。

害的认知情况。不难发现,50.97％的居民认为当前的环境污染对其身体造成了一些伤害或者非常大的伤害,48.22％的居民认为当前的环境污染未对其身体造成太大伤害或没有造成伤害。由此可见,有一半的城市居民认为当前的环境污染对其身体已经造成了伤害。

图 2.11 显示了城市居民中不同年龄群体对于环境污染对自身造成伤害的认知。其中 30—39 岁这个群体中有 56.23％的人认为当前的环境污染已经对其造成了一些或非常大的伤害,在各个年龄群体中排名第一。紧随其后的是 40—49 岁（51.42％）、50—59 岁（50.97％）、18—29 岁（48.40％）这三个群体。年龄超过 60 岁及以上的人中仅有 42.95％的认为当前的环境污染对其造成了一些伤害或非常大的伤害。由此可见,30 岁以后的群体,伴随着年龄的增长,其认为环境对自己的伤害也逐渐降低。尽管如此,对于环境污染的危害,儿童、妇女和老人还是应该额外注意,增强防范。

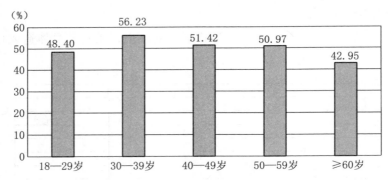

图 2.11 各年龄阶段人群对环境污染对其产生一些或非常大伤害的占比

第二节 城市环境分维度评价

基于 2017 年中国城市环境保护调查数据,本节拟根据城市综合污染程度将参与调查的 35 个城市划分为 A、B 和 C 三类。从 35 个城市的综合污染程度得分来看,平均值为 5.96,标准差为 0.67,其中最大值为 7.30,最小值为 4.38。以综合污染程度得分的平均值为基点,根据标准差的距离,如图 2.12 所示,可以将所有城市分为 A、B 和 C 三个层次。

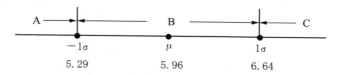

图 2.12　基于城市综合污染程度的分层标准

A 类城市:综合污染程度得分低于平均值一个标准差以上,即小于 5.29。位于该层次的城市包括宁波、昆明、兰州和重庆,共计 4 个城市。

B 类城市:综合污染程度得分在正负一个标准差之内,即得分处于 5.29 和 6.64 之间。位于该层次的城市包括西宁、深圳、长沙、青岛、乌鲁木齐、贵阳、成都、杭州、银川、南昌、哈尔滨、上海、大连、济南、合肥、呼和浩特、太原、长春、福州、石家庄、西安、广州和郑州,共计 23 个城市。

C 类城市:综合污染程度得分高于平均值一个标准差以上,即大于 6.64。位于该层次的城市包括厦门、天津、海口、北京、南京、武汉、南宁和沈阳,共计 8 个城市。

与 2015 年的数据相比,A 类城市减少 3 个,B 类城市减少 1 个,C 类城市增加 4 个。从 2017 年城市综合污染程度得分和各个层次上的数量来看,整体可呈现出正态分布曲线。

一、A 类城市

从图 2.13 可见,作为 A 类城市中排名最好的城市宁波市,其水安全和食品安全两个分维度仍然有所差异。具体而言,宁波市的水安全得分为 6.63 分,高于食品安全的得分 6.11 分。两个维度间仍存在一定的差异也表明宁波在今后的环境建设方面可以着力侧重于食品安全建设。

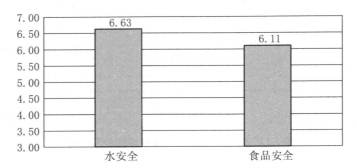

图 2.13　宁波市城市环境分维度得分

从图 2.14 可见，昆明市在水安全性和食品安全性两个维度的得分分别为 7.31 和 6.11。水安全维度得分显著高于食品安全可能与云南自身所拥有的大量天然水资源息息相关。所以，与水安全相比，昆明市的食品安全仍然具有可提升的空间。对比宁波市而言，昆明市的综合环境状况应当说优于宁波市。两个城市在食品安全评分相当，但昆明市水安全得分显著高于宁波市。

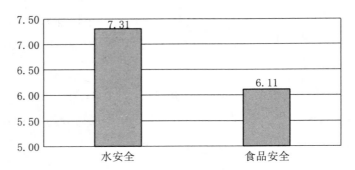

图 2.14　昆明市城市环境分维度得分

从图 2.15 可见，重庆市的在水安全性和食品安全性上的得分分别为 7.05 和 6.60。重庆市本身拥有较为丰富的水资源且处于长江上游，这些原因可能使当地居民的满意度较高。相比之下，重庆市在食品安全领域表现略差。

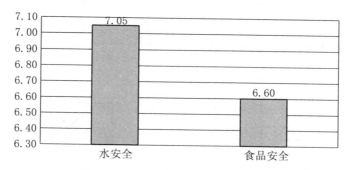

图 2.15　重庆市城市环境分维度得分

从图 2.16 可见,兰州市在水安全性和食品安全性上的得分分别为 6.28 和 6.10。兰州市在水安全性和食品安全性上的得分差异不大。但与昆明市、重庆市和宁波市相比,兰州市位于西部地区属于较为缺水的地区,所以其水安全性的得分显著的低于以上三座城市。

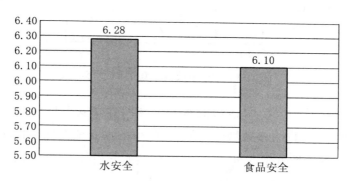

图 2.16　兰州市城市环境分维度得分

二、B 类城市

西宁市在 B 类城市中排名第一。从图 2.17 可见,西宁市的水安全性和食品安全性的得分分别为 6.50 和 5.96。所以,西宁市的水安全性表现较好,而食品安全性而言略差。

从图 2.18 可见,深圳市的水安全性和食品安全性得分分别为 6.36 和 6.05。由此可见,深圳市的水安全性较高,食品安全性有待提升。

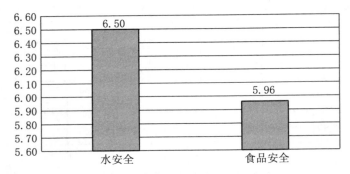

图 2.17　西宁市城市环境分维度得分

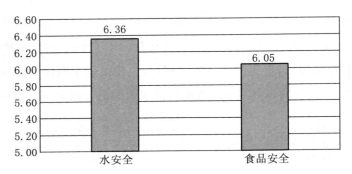

图 2.18　深圳市城市环境分维度得分

从图 2.19 可见，长沙市的水安全性和食品安全性得分分别为
6.60 和 5.87。同大多数城市一样，长沙市的水安全性优于食品安全
性，食品安全性低于 6 分，且与水安全性评分相差较大，所以表现较
差，应当是日后治理的重中之重。

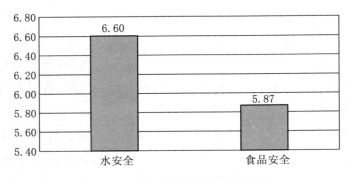

图 2.19　长沙市城市环境分维度得分

从图 2.20 可见,青岛市的水安全性和食品安全性得分分别为 6.53 和 6.30,水安全性略高于食品安全性。

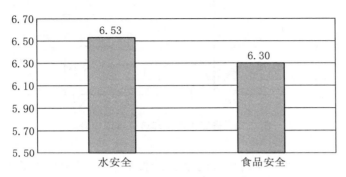

图 2.20　青岛市城市环境分维度得分

从图 2.21 可见,乌鲁木齐市的水安全性和食品安全性得分分别为 6.13 和 6.06,两个维度的差异并不明显。但与之前的城市相比也不难发现,新疆由于其地理位置等因素,在水资源的丰富程度以及食品的物流层面与中南沿海城市仍然存在一定的差距。

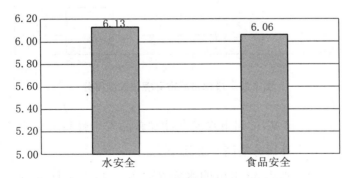

图 2.21　乌鲁木齐市城市环境分维度得分

从图 2.22 可见,贵阳市的水安全性和食品安全性得分分别为 7.10 和 6.05。其中,水安全性为贵阳市的优势,而食品安全性得分较低,两个维度差异明显。贵阳市市民对于食品安全较为担忧。

31

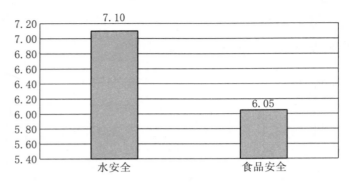

图 2.22　贵阳市城市环境分维度得分

从图 2.23 可见，成都市的水安全性和食品安全性得分分别为 6.76 和 6.09，表明成都市的水安全性较好，但食品安全性与水安全性相差较大，有待提升。成都市水安全性较高的因素可能反映出其所处地理位置气候温润且水资源丰富。

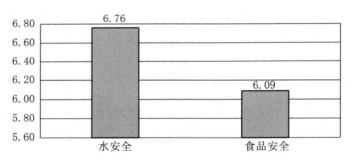

图 2.23　成都市城市环境分维度得分

从图 2.24 可见，杭州市水安全性和食品安全性得分分别为 6.59 和 6.32，水安全性得分略高于食品安全。

从图 2.25 可见，银川市的水安全性和食品安全性的分分别为 5.97 和 5.89，两者几乎相当，水安全性略高于食品安全性。银川市因其本身地理位置处于水资源并不发达地区且未处于西部交通要道上，所以水安全性和食品安全性都明显低于中南沿海城市。这也就对城市的治理者提出了更高的要求。

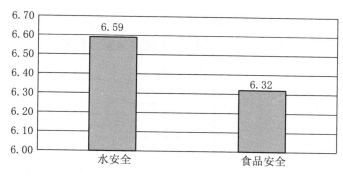

图 2.24 杭州市城市环境分维度得分

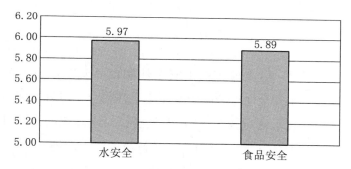

图 2.25 银川市城市环境分维度得分

从图 2.26 可见,南昌市在水安全性和食品安全性上的得分分别是 6.93 和 6.56,水安全性优于食品安全性。

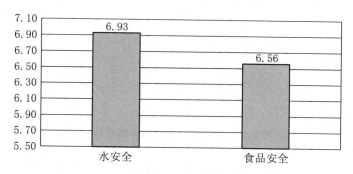

图 2.26 南昌市城市环境分维度得分

从图 2.27 可见,哈尔滨市的水安全性和食品安全性得分分别为

6.61 和 5.99。水安全性明显优于食品安全性。黑龙江省其本身水资源较为丰富，相比而言，居民可能更重视食品安全保障。

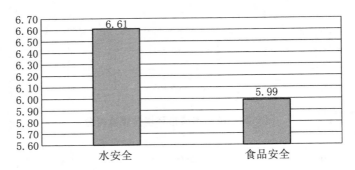

图 2.27　哈尔滨市城市环境分维度得分

从图 2.28 可见，上海市的水安全性和食品安全性得分分别为 6.28 和 5.78。水安全性得分高于食品安全性得分。尽管上海市周边水系较为发达且水资源较为丰富，但是居民对水环境的要求仍然较高。这可能与上海市所处长江口，上游过境的江河污染有一定影响。除此以外，上海市的食品安全得分也明显低于多数城市，作为中国经济最为发达的城市，食品安全问题需要额外引起管理者重视。

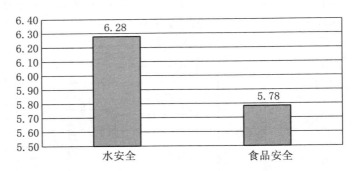

图 2.28　上海市城市环境分维度得分

从图 2.29 可见，大连市的水安全性和食品安全性得分分别为 6.51 和 5.93。水安全性得分明显高于食品安全性。造成这一差异的原因可能是大连水资源本身较为丰富，所以民众更加关注食品安全领域的建设。

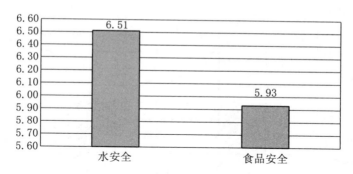

图 2.29 大连市城市环境分维度得分

从图 2.30 可见,济南市的水安全性和食品安全性得分分别为 6.73 和 6.14,水安全性得分明显高于食品安全性得分,显示出市民对于用水安全比食品安全更加信任。这与济南本身拥有的大量水资源息息相关,所以让市民更加关注食品安全。

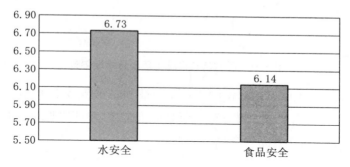

图 2.30 济南市城市环境分维度得分

从图 2.31 可见,合肥市的水安全性和食品安全性得分分别为 6.56 和 6.09。居民对用水安全更加放心。政府后续可加强食品安全领域的监管和执法。

从图 2.32 可见,呼和浩特市的水安全性和食品安全性得分分别为 5.93 和 6.03。两个维度分值差异非常小,食品安全性得分略高于水安全性。值得注意的是,呼和浩特市是少数几个水安全性得分低于食品安全性得分的城市。

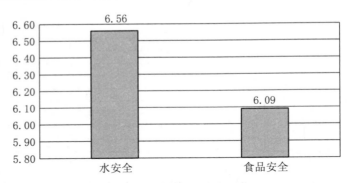

图 2.31　合肥市城市环境分维度得分

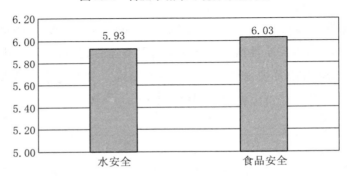

图 2.32　呼和浩特市城市环境分维度得分

从图 2.33 可见,太原市的水安全性和食品安全性得分分别为 6.27 和 6.07,水安全性得分略高于食品安全性,表明太原市民相比用水安全而言对于食品安全更不放心。

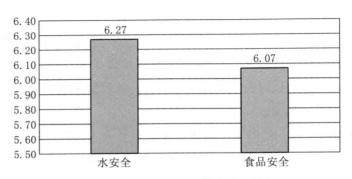

图 2.33　太原市城市环境分维度得分

从图 2.34 可见,长春市的水安全性得分和食品安全性得分分别为 7.30 和 7.08。市民对用水安全比对食品安全更加放心。吉林和长春本身水资源较为丰富,所以水安全性的得分也明显高于全国很多城市。总体来看,长春市在水安全和食品安全领域得分都较为领先。

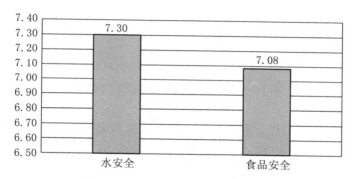

图 2.34　长春市城市环境分维度得分

从图 2.35 可见,福州市的水安全性和食品安全性的得分分别为 7.08 和 7.10。市民对两个维度的评价基本持平。且福州市同长春市一样,福州市在这两个维度的排名和得分都较为靠前。

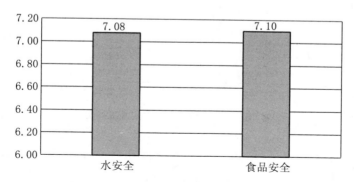

图 2.35　福州市城市环境分维度得分

从图 2.36 可见,石家庄市的水安全性和食品安全性得分分别为 6.13 和 5.95,水安全性得分略高于食品安全性得分,但两个维度的得分均较低,原因可能与河北较为严重的环境污染密不可分。

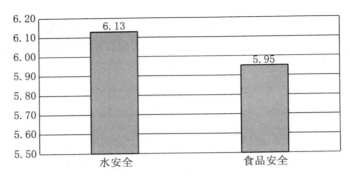

图 2.36　石家庄市城市环境分维度得分

从图 2.37 可见,西安市的水安全性和食品安全性得分分别为6.39 和 6.15。西安市民对用水安全相对更加放心。从两个维度的得分来看,西安市在水环境治理和食品安全治理领域还有很多提升空间。

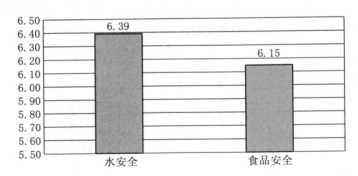

图 2.37　西安市城市环境分维度得分

从图 2.38 可见,广州市的水安全性和食品安全性得分分别为6.41 和 6.07。市民对用水安全的评价高于对于食品安全的评价。广州市的挑战同西安市较为相似,政府需在两个维度上共同努力。

从图 2.39 可见,郑州市的水安全性和食品安全性得分分别为6.63 和 6.25,水安全性得分明显高于食品安全性得分。

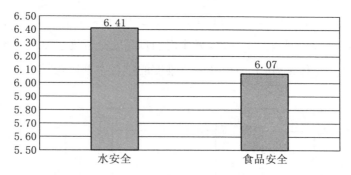

图 2.38　广州市城市环境分维度得分

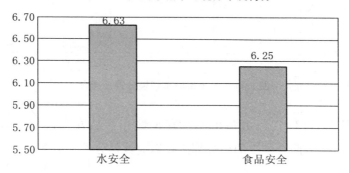

图 2.39　郑州市城市环境分维度得分

三、C类城市

从图 2.40 可见,厦门市的水安全性和食品安全性得分分别为 7.12 和 7.26,两个维度得分均比较靠前。厦门市也是少数几个食品安全性得分高于水安全性得分的城市。

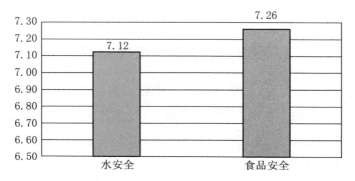

图 2.40　厦门市城市环境分维度得分

从图 2.41 可见,天津市的水安全性和食品安全性的分分别为7.04 和 7.12。同厦门市一样,天津市的食品安全程度也略微优于水安全程度。总体来看,天津市在两个维度的排名中都比较靠前。

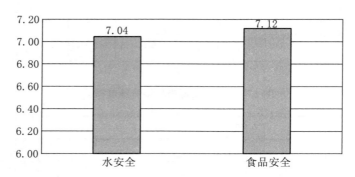

图 2.41 天津市城市环境分维度得分

从图 2.42 可见,海口市的水安全性和食品安全性得分分别为7.19 和 7.06,两个维度的得分都比较靠前且得分差别不大。

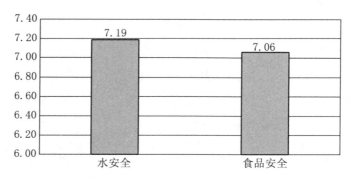

图 2.42 海口市城市环境分维度得分

从图 2.43 可见,北京市的水安全性和食品安全性得分分别为7.37 和 7.33,两个维度的分值非常接近,且排名在同维度中都比较靠前。北京市市民对两个维度评分较高的原因可能与北京作为首都,其本执法检查力度本身就优于全国其他城市。

从图 2.44 可见,南京市的水安全性和食品安全性得分分别为

7.41 和 7.29。南京市市民对水安全的信任感高于对食品安全的信任
度。但总体而言,南京市在两个维度的得分均比较靠前。这表明,南
京市在水治理与食品安全治理领域取得了不错的成绩。

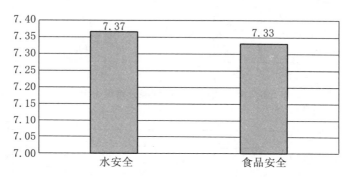

图 2.43　北京市城市环境分维度得分

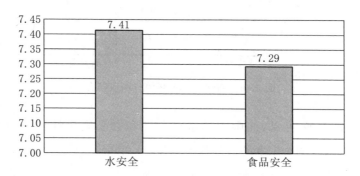

图 2.44　南京市城市环境分维度得分

　　从图 2.45 可见,武汉市的水安全性和食品安全性的得分分别为
7.21 和 7.28,两个维度的分值差异不大且排名均比较靠前。武汉市
也是少数几个食品安全性得分高于水安全性得分的城市之一。这说
明武汉市在水治理和食品安全治理领域取得了不错的成绩。

　　从图 2.46 可见,南宁市的水安全性和食品安全性得分分别为
7.35 和 7.32,两个维度得分极度相近,且均在同维度中排名靠前。这
表明,南宁市在水治理与食品安全治理领域取得了不错的成绩。

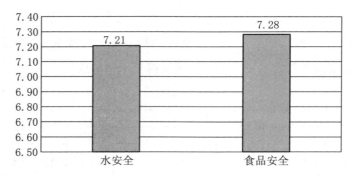

图 2.45   武汉市城市环境分维度得分

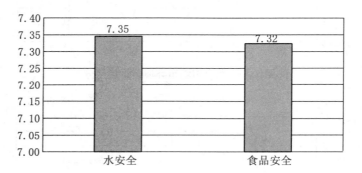

图 2.46   南宁市城市环境分维度得分

从图 2.47 可见，沈阳市的水安全性和食品安全性得分分别为 7.48 和 7.45，两个维度的得分基本一样，且在同维度的排名中都靠前。这表明，沈阳市在水治理与食品安全治理领域取得了不错的成绩。

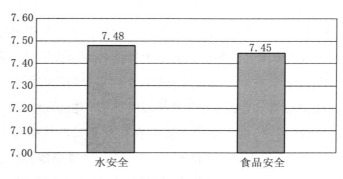

图 2.47   沈阳市城市环境分维度得分

综合以上分析,通过对全国主要的 35 个城市在两个维度(水安全性食品安全性)上的环境状况进行比较后发现:全国 35 个主要城市中有 30 个城市的水安全性优于其食品安全性,占到了全部城市的91%。尤其是沈阳、南京、北京、南宁、昆明、长春、武汉、海口、厦门、贵阳、福州、重庆、天津、南昌和成都 15 个城市的表现尤其优异。通过水安全性的得分排名我们也不难发现,绝大多数的城市都处于沿海沿河等位置且水资源相对较为丰富。在食品安全性的分析中我们也不难发现,沈阳、北京、南宁、南京、武汉、厦门、天津、福州、长春、海口、重庆和南昌 12 个城市也表现最优。可见,这些城市管理者在食品安全领域已下重拳进行了治理。

需要特别指出的是,C 类城市中的 8 个城市(厦门、天津、海口、北京、南京、武汉、南宁、沈阳)在水安全性和食品安全性两个维度的实际排名中都表现优异,得分明显高于其他城市。但却与这些城市居民就城市本身环境污染的程度打分形成了相反的态势。换句话说,尽管这 8 座城市在水安全和食品安全领域表现优异,但是当地的居民仍然认为所在城市环境污染严重。这也就表明,水安全和食品安全可能并非这 8 座城市居民最担忧的环境污染问题。对于城市治理者而言需要进一步去探索出除了水安全和食品安全以外,当地居民最为担心的环保问题。

另外,通过城市水安全性和食品安全性得分的结果,我们也发现了城市在环境治理方面可能存在着只顾一个环境维度的整治却忽略了其他维度。例如,昆明市的水安全得分和食品安全得分相差 1.2,贵阳市相差 1.05、长沙市相差 0.73、成都市相差 0.67、哈尔滨市相差0.62、济南市相差 0.59,大连市也相差 0.58。这表明,以上这 7 座城市在环境污染治理过程中在一些方面取得了较好的成绩,而在另一方面可能忽略掉或未能起到实际的治理效果。这也就警醒了我们的城市管理者再次评估治理思路,及时调整不适合的治理方式方法,早日在环境治理领域取得全面的成果。而通过两个维度的分值对比,我们也发现了一些城市在环境治理领域取得了较为均衡的发展，也就是两个维度的分值比较接近。例如，福州市和南宁市在水安全性的得分上和食品安全性的得分上只相差 0.02，沈阳市相差 0.03，北京相差 0.04，天津相差 0.07，武汉市相差 0.08，银川市也仅相差 0.08。所以，我们也看到这 7 座城市在环境治理领域取得的均衡发展，而这些城市的经验也可以为其他城市的治理提供思路和支持。

第三节　小　　结

本次调查以全国主要 35 个城市的居民为评价主体对城市的环境污染状况进行了考察，让我们有机会对当前我国城市的环境状况有一个整体性的了解和认识。特别是在本章节的城市排名与评分部分，我们对比了之前调查的结果，可以综合全面的去看待我国城市环境污染状况的改善与变化。不过，需要特别强调的是，本次调查是以电话问卷的形式对城市居民进行的主观评测，重点突出了居民的个人感受，而不是从例如治理技术等专业领域进行的评估。

本章通过电话调研中的四个主要问题对中国城市居民的环保感受进行了考察，主要结论如下：

第一，从城市综合污染层面来看 2017 年中国城市环保评价排名的结果，我们发现南方城市和沿海城市的排名相对靠前，例如宁波、昆明、深圳、长沙、贵阳、成都和杭州等；排名靠后的城市集中在我国的北部和中部，例如沈阳、武汉、北京、天津和郑州等。由此可见，我国环境污染仍然存在着地理上的南北差异。这一差异也能反映出我国在城市发展上的产业差异。传统上第二产业较为集中的区域例如东北、京津冀、武汉和郑州等工业重镇都在综合环境污染排名中靠后。而宁波、昆明、深圳和长沙等地的经济支柱则逐渐转向第三产业。这也对政府在环境治理方面采取的措施产生了积极效果和推动；不过，相比较 2015 年的数据，综合污染程度排名靠前的城市和靠后的城市都有了较大的变动,且环境污染的"南北差异"问题也在逐渐缩小。这种变化也表明了党的十八大以后伴随着党中央和国务院对环境治理工作的重视,以及史上最严的法律法规政策,对我国城市环境改善起到了积极和重要的促进作用。同时,针对传统重工业城市而言,推动产业升级改造、工业结构转型、绿色增长模式推广,均可促进城市的可持续发展、经济状况改善,和环境优化。

第二,从分维度层面来看,我国 35 个城市中,绝大多数城市(30个)的居民都对城市的水安全更有信心。从水安全性城市排名来看,沿江沿河和地理上水资源分布地区(沈阳、南京、南宁、昆明、长春、武汉、海口、厦门、贵阳等)居民的满意度明显高于中部和西北部城市(呼和浩特、银川、乌鲁木齐、太原、兰州、西安等)居民的满意度。这也会特别对中部和西北部城市政府的治理思路产生影响。这些城市政府需要花费更多的时间和精力去面对在水资源不丰富的情况下,通过技术、行政、规划等方式方法增强水安全性。

从食品安全性的排名来看,排名较高(安全性较高)的城市大多分布在我国的南方,如南京、南宁、武汉、厦门、福州和海口;而排名较低的城市大多是北方城市,如长沙、银川、大连、石家庄、西宁、哈尔滨和呼和浩特等。由此可见,我国南方公众对于食品安全相比北方公众更加放心。这种南北差异的现象可能存在两种解释。一方面,排名靠前的城市例如南京、厦门和福州等地进出口贸易比较频繁,所以在食品安全领域的监管相对更加严格。另一方面,长沙、石家庄和哈尔滨等地传统上是农业大省,但在过去一段时间内类似于"镉大米""毒土地"等事件层出不穷,直接引起了当地居民的担忧。从南方城市的治理经验来看,质监部门如果能够加大力度抽检和监控,并保持一定的透明度,对于促进居民对食品安全的相关看法可以起到积极改善的作用。

第三,环境污染的治理不仅仅需要政府的参与,更重要的是引入公众的参与。调研显示超过一半的公众认为当前的城市污染已经对其身心造成了伤害,特别是中青年人对此深信不疑。这一现象体现出我国的公民群体自我保护意识的增强,以及对环保知识的了解程度和认知程度与日俱增。这从一个方面来说可以对政府行为形成一种压力;另一方面,如果政府能够很好地将公众参与引入环境治理的过程中也将会达到事半功倍的效果。此次调查以城市居民的主观意识为依据,可以在一定的程度上反映出政府在环境改善工作中的成果。不过,居民对政府工作的认可在一定程度上也依赖于政府信息的透明度。特别是目前全国各个城市政府和相关职能大多都开通了例如微博或微信公众号等宣传渠道,通过这些渠道积极展现与城市居民生活息息相关的水安全、食品安全和空气安全工作进展,可以从一定程度上增强居民对于政府部门在社会治理工作中的信心。

总而言之,本书从公众的视角对城市的综合污染程度、水安全性、食品安全性,以及环境污染对自身造成的伤害进行了研究和探讨。这一新的视角,既不同于工程师和科学家等专业技术的角度,也不同于政府报告,更为直观地反映出了公众的态度。调研的很多内容都能清晰地反映出民意与政府工作之间的间隙与分歧。对于我们各级政府的环境工作治理能够起到思路的引导作用,这样才能更好地"想民之所想,急民之所急,办民之所需。"本书的调研结果也可以为各级政府的环境治理思路提出了一些新的思路。例如,借鉴我国首批46个水生态文明城市试点工作所总结出来的制度成果和技术成果进行推广。如果这种模式能够应用与环境污染治理的各个领域,那么推进美丽中国建设和健康中国建设的目标就指日可待了!

第三章　环境知识与认知状况

衣食住行是老百姓最基础、最现实的考虑。然而，衣食住行无不与环境有关。改革开放以来，中国经济经历了高速发展，但同时日积月累的生态环境问题也逐步显现，开始进入了高发频发阶段。草原退化、生物多样性减少等生物资源破坏问题非常严重。近十几年，因生态环境恶化引起水旱灾害频繁给国民经济和人民生活造成巨大损失，据国家统计局估计，每年损失在 400 亿元以上。因此，习近平总书记指出："我们在生态环境方面欠账太多了，如果不从现在起就把这项工作紧紧抓起来，将来会付出更大的代价。"

与触目惊心的环境破坏相对应的是，随着社会发展和生活水平的日益提高，人民群众对干净的水、清新的空气、安全的食品、优美的环境等的要求越来越高，环境问题已日益成为最重要的民生问题。正像民间的"顺口溜"所说的那样：老百姓过去"盼温饱"现在"盼环保"。人民群众对优美环境的强烈需求与现状之间存在着巨大的"张力"，民众对环保的认识和关注也在不断地提升。一个突出的表现就是典型的非暴力环境群体性事件在中国日渐增多。2007 年厦门的"PX 项目事件"、2011 年南京"梧桐树事件"、2012 年青岛"植树计划"、2016 年连云港核循环项目选址事件都引起了整个社会的关注。这些因环境污染导致的群众与企业对立、群众与政府对抗的事件不断出现和蔓延，严重威胁着社会的稳定。

上述群体性事件的发生，一方面反映了在深化经济改革的过程中面临严峻的环境污染局面,另一方面也折射出越来越多的民众开始关心环境保护,对于包括能源、气候、空气污染、辐射等在内的环境知识有了自己的认知和判断。本章将从宏观和微观两个层面展示我国公民对环境知识的认知情况,进而分析经济社会人口等指标因素对民众环境知识和认知的影响。

第一节　环境知识认知

本节共分为三个部分,第一、二部分通过分析 2017 年数据中三道环境知识相关问题的回答情况,从宏观和微观两个层面展示民众对环境知识的认知;第三部分以宏观和微观中两个最重要的、最具代表性的问题进行城市间排名对比。

一、民众对环境知识的宏观认知

在宏观层面,我们设计了两道问题来测试民众对环境知识的认知。第一题是测试民众对自身行为对气候变暖的影响程度,题设为:"您认为您的日常行业对气候变暖有影响吗?",该题为选项题,涵盖的选项为"有非常大的影响""有一定的影响""影响不大""完全没有影响""不知道"四个选项。图 3.1 为各选项统计数据的条形图展示。

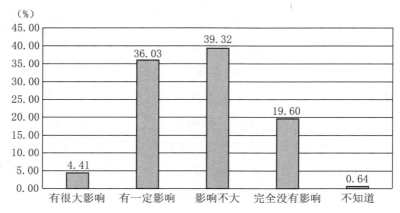

图 3.1　题设"您认为您的日常行为对气候变量有影响吗?"条形图展示

从图 3.1 可以看出,绝大部分民众认为自身的日常行为对气候的影响不是很大,其中认为有一定影响的占 36.0%,认为影响不大的占了 39.3%,完全没有影响的占了 19.6%,三者的总和为 94.9%。这也从另外一个侧面反映出在民众的心里,工业产生的污染进而导致对气候的影响要远远大于个人的影响。产生这一情况的可能原因在于民众把日常行为仅仅限制于家庭生活等内容上。事实上,民众使用的汽车尾气排放、取暖(特别是北方地区)等都排放出了大量的二氧化碳,产生温室效应,从而对整个气候都产生了严重影响。

第二道问题重点测试了民众对"经济发展"和"环境保护"两个选项重要性的认知,题设为:"比较而言,您认为经济发展更重要,还是环境保护更重要?"该题为选项题,包括选项为"经济发展更重要""环境保护更重要""同等重要""不知道"四个选项。图 3.2 为各选项的条形图展示。

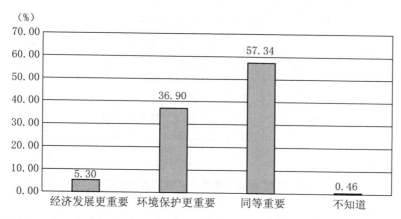

图 3.2 题设"您认为经济发展更重要,还是环境保护更重要"条形图展示

从图 3.2 可以看出,在中国城市民众心目中,环境的重要性已得到了大家的认可。其中,认为经济发展和环境保护同等重要的比例占到了 57.30%。习近平总书记多次强调绿水青山就是金山银山,这一理念已被大部分城市民众所吸纳。认为环境保护比经济发展更重要的比例占了 36.90%,远远大于选择"经济发展更重要"的比例,说明中国城市居民对环境保护的诉求已超过对经济发展的关注。十多年前,地方政府、城市民众都把 GDP 指标作为衡量发展的唯一目标,只要经济发展快,环境受些破坏都无所谓。最近以来,随着环境污染的日益严重,对居民的切身利益产生了深刻的影响,民众开始抛弃原先的"先建设后治理"的理念,强调发展经济,但更要保护好生态环境。

二、民众对环境知识的微观认知

在微观层面,我们设计了一道问题来测试民众对环境知识的认知,题设为:您对 PM2.5 有多少了解? 该题为选项题,包括"非常了解""有一定的了解""不太了解""完全不了解""不知道如何回答"五个选项。具体各选项的条形图如图 3.3 所示。

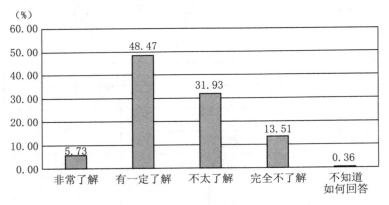

图 3.3 题设"您对 PM2.5 有多少了解?"条形图展示（2017 年）

本题测试的内容比较专业,PM2.5 是近年来才开始进入公众视线的。当前,地方环保部门都实时发布 PM2.5 的信息,因此城市民众从新闻、网络等媒体能获得 PM2.5 的相关信息。从调查的情况来看,近50% 的民众对 PM2.5 有一定的了解,这也与我们最初的预期是吻合的。值得注意的是,有 31.90% 的民众对 PM2.5 不太了解,13.50% 是完全不了解,这也反映了与其他环境污染物相比较,PM2.5 还没有被城市民众普遍关注,这是在今后的环境知识普及过程中努力的方向。

2015 年,我们就同样的问题对公众 PM2.5 污染的认知进行了测量,同 2017 年的选项题不同,2015 年该题为打分题,0—10 分,分值越高代表受访者对 PM2.5 越了解。实证分析的结果是,受访者在该题设上的平均得分为 5.77,标准差为 2.38。从结果来看,受访者对 PM2.5 的认知程度基本上呈正态分布,稍显左偏态分布,7 分选项所占百分比最高,达到了 18.10%;5 分选项的比例为 16.20%。值得我们关注的是,代表"对 PM2.5 最不了解"的 1 分选项所占比重约为 6.60%,代表"对 PM2.5 最了解"的 10 分选项的比例为 5.20%,说明 PM2.5 污染在整个民众的认知中还未得到全面普及。2015 年民众对 PM2.5 了解情况的具体分值的百分比如图 3.4 所示。

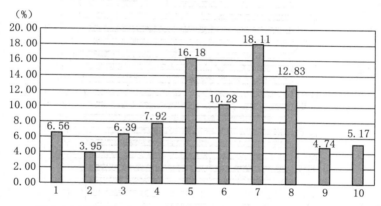

图 3.4 题设"您对 PM2.5 有多少了解"条形图展示(2015 年)

三、2017 年中国城市居民环境知识的城市排名

受教育水平、宣传力度、经济发展程度等因素的影响,各个城市居民对环境知识的认知存着差异。为了清晰地呈现出各城市居民对环保知识的认知差异,本研究依据环境知识的三个问题对城市居民环保知识的掌握程度进行了排名。

为了量化比较,本书将 2017 年 PM2.5 认知题设的选项"非常了解""有一定的了解""不太了解""完全不了解""不知道如何回答"分别赋值为 4、3、2、1、0。2017 年居民对 PM2.5 认知的各个城市得分如图 3.5 所示。

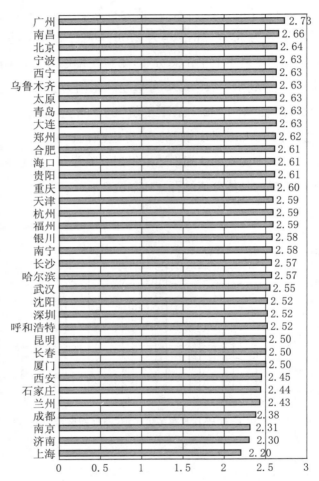

城市	得分
广州	2.73
南昌	2.66
北京	2.64
宁波	2.63
西宁	2.63
乌鲁木齐	2.63
太原	2.63
青岛	2.63
大连	2.63
郑州	2.62
合肥	2.61
海口	2.61
贵阳	2.61
重庆	2.60
天津	2.59
杭州	2.59
福州	2.59
银川	2.58
南宁	2.58
长沙	2.57
哈尔滨	2.57
武汉	2.55
沈阳	2.52
深圳	2.52
呼和浩特	2.52
昆明	2.50
长春	2.50
厦门	2.50
西安	2.45
石家庄	2.44
兰州	2.43
成都	2.38
南京	2.31
济南	2.30
上海	2.20

图 3.5　2017 年中国城市居民对 PM2.5 认知得分城市排名(4 分为满分)

如图 3.5 所示,2017 年,上海(2.20)、济南(2.30)、南京(2.31)、成都(2.38)、兰州(2.43)的城市居民对 PM2.5 的认知情况排在所有 35 个城市的后五名。这一结果比较出人意料。上海、济南、南京、成都、兰州都是中国的教育大市,居民的文化程度较高,按照固定思维,他们掌握的 PM2.5 知识应当更多。但让人大跌眼镜的是,这五个城市排在了最后五位。与此相对应,西宁(2.63)、宁波(2.63)、北京(2.64)、南昌(2.66)、广州(2.73)的城市居民对 PM2.5 的认知情况排在所有 35 个城市的前五名。

将 2017 年"您认为您的日常行为对气候变暖有影响吗?"题设的选项"有非常大的影响""有一定的影响""影响不太""完全没有影响""不知道"分别赋值为 4、3、2、1、0,得到 2017 年中国城市居民对日常行为与气候变暖关系的城市排名如图 3.6 所示。

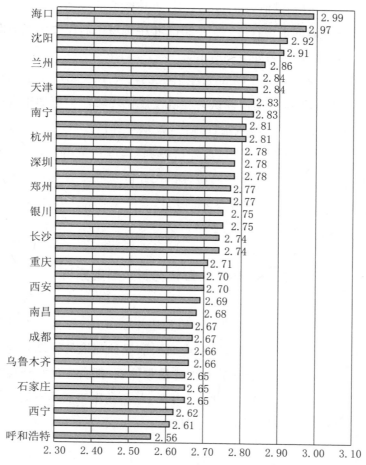

**图 3.6　2017 年中国城市居民关于"日常行为对气候变暖
影响程度"的城市排名(4 分代表有非常大的影响)**

从图 3.6 可以看出，2017 年，呼和浩特（2.56）、合肥（2.61）、西宁（2.62）、南京（2.65）、石家庄（2.65）的城市居民在"日常行为对气候变暖影响"的认同度排在所有 35 个城市的最后五名。兰州（2.86）、北京（2.91）、沈阳（2.92）、福州（2.97）、海口（2.99）的城市居民在"日常行为对气候变暖影响"的认同度排在所有 35 个城市的前五名。

同样地，将 2017 年"比较而言，您认为经济发展更重要，还是环境保护更重"题设的选项"经济发展更重要""环境保护更重要""同等重要""不知道"分别赋值为 3、2、1、0。上述赋值的规则说明了城市居民对经济发展的重视程度，得到 2017 年中国城市居民关于经济发展重要程度的城市排名如下图所示。

如图 3.7 所示，北京（2.30）、沈阳（2.33）、武汉（2.33）、长春（2.34）、福州（2.35）的城市居民普遍认为经济发展比环境保护更加重要。上述地区都属于东部沿海或沿江地区，民众对经济发展的追求大于环境保护。兰州（2.68）、银川（2.69）、深圳（2.71）、成都（2.74）、昆明（2.75）的城市居民普遍认为环境保护比经济发展更为重要。上述五个城市除了深圳外，都处于中西部地区。一定程度上反映了他们不愿意再走"先破坏再建设"的老路。

第二节　环境认知状况影响因素分析

严峻的环境状况已使公众开始关注环境知识。掌握良好的环境知识产生了促使民众关心环境、进而采取保护环境的行动效应。但是，个体的不同特征、公众的知识背景和体系，都会导致对环境知识掌握程度的差异。本节将从性别、年龄、学历角度来展示不同个体特征的公众在环境知识认知上的差异。

一、PM2.5 认知程度的影响因素分析

如今，大气污染已受到越来越多的大众关注，也承载着越来越多

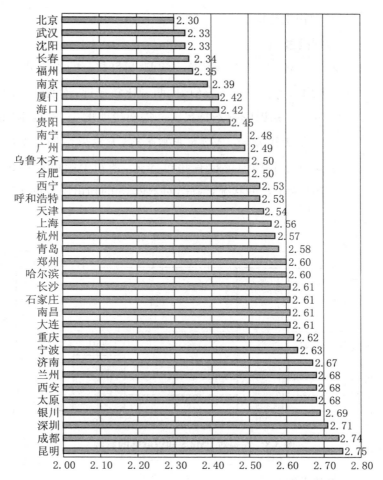

图 3.7 2017 年中国城市居民关于"经济发展与环境保护哪个更为重要"的城市排名（分值越大代表经济发展越重要）

的舆论压力。如何对 PM2.5 来源进行解析，已经成为探寻如何解决大气污染的新趋势。PM2.5 主要来自人为排放，包括一次排放和二次转化生成。一次排放主要来自燃烧过程及粉尘、扬尘。二次转化主要是由二氧化硫、氨等气态前体物在大气中通过化学反应而成。上述两次过程主要产生于城市生活中。因此，PM2.5 也开始成为城市居民关注的对象。城市居民对 PM2.5 的知识到底有多了解呢，何种个体特征群体对 PM2.5 知识掌握得更多呢？以下部分将从性别、年龄、学历角度作出分析。

（一）性别因素

对于"您对 PM2.5 有多了解"这一问题，男性打分的均值为 2.62，女性打分的平均值为 2.51。从分值看，两者比较接近，说明性别因素对民众掌握 PM2.5 知识影响不是很大。需要说明的是，根据本题的赋值原则，4 分代表民众对 PM2.5 非常了解，无论男性还是女性对 PM2.5 的认知打分的均值都没有超过 3 分，表明中国城市居民对 PM2.5 还处于不太了解的状况，因此，对 PM2.5 的知识还有待于宣传和教育。

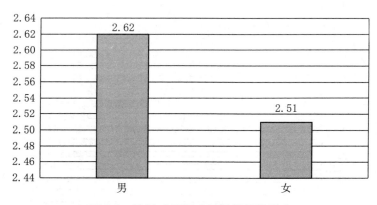

图 3.8　性别对 PM2.5 知识掌握的影响

（二）年龄因素

不同年龄群体对 PM2.5 的了解是存在差异的。如图 3.9 所示，对 PM2.5 了解程度最高的是 50—59 岁的老年人，产生这种现象的原因可能在于随着养身观念的普及，老年人越来越重视环境污染可能对身体造成的伤害。其次是 30—39 和 40—49 岁两个年龄段，他们对 PM2.5 的了解程度达到 2.60 分左右，表明该年龄段群体对 PM2.5 的了解程度处于一般的状态。最后是年龄大于 60 岁的老年人，他们对 PM2.5 的了解程度最小，产生这种情况的可能原因在于这个年龄段的老年人，由于接受新知识的能力下降，对新事物关注的也比较少，因此对 PM2.5 等环境知识关注得比较少。

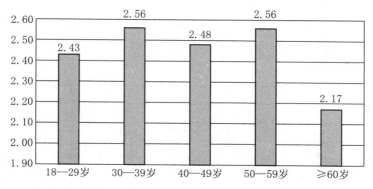

图 3.9 年龄对 PM2.5 知识掌握的影响

（三）学历因素

学历代表了个人对科学知识的掌握程度。同时，学历也基本反映了个人知识的广博度。因此，常规的设想是学历越高，民众对PM2.5 知识掌握得越多。但是通过这次调查，事实真相并非如此。学历与 PM2.5 知识的掌握程度大体呈反比的关系。从图 3.10 可以看出，对 PM2.5 认知水平最高的是硕士学历的人群，他们的认知水平越过了 3 分；其次是本科和博士学历。最低的是小学以下的学历，他们对 PM2.5 的认知分值仅为 1.91 分。这与民众的直观认知也是非常接近的。最高的硕士学历与小学及以下学历组的分差接近 1.20分。根据此题的赋分原则，这是一个非常大的差距。相比较以前的结果，在 2015 年的调查中，学历越高的群体，对 PM2.5 的了解程度越高，最低的小学及以下学历组与硕士学历组差距达到了 2.80 分。但经过两年时间，这一关系发生了根本性的逆转，其中的原因还值得深挖细究。

总体来看，城市居民对 PM2.5 知识掌握并不是十分的理想，通过统计数据可以发现，民众对 PM2.5 还处于"不太了解"的阶段。产生这种现象的主要原因在于 PM2.5 是比较新颖的污染物，而且 PM2.5 对人体危害的机制比较复杂，到目前为止，其危害还没有得到科学实验的严谨论证。因此，绝大部分民众在学校接受的地理知识中还没有涉及。同时，教材知识缺位、大众科普不到位和自学习惯欠缺也是造成城市居民对 PM2.5 认知较差的主要原因。

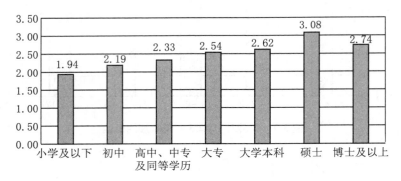

图 3.10 学历对 PM2.5 知识掌握的影响

二、行为对气候变暖的影响因素分析

全球气候变暖已经得到了诸多气象观测数据的证明。政府间气候变化专门委员会的评估显示，在过去 130 年间全球气候上升了 0.85度。造成这一结果的原因一方面是由于工业化的快速发展，另一方面是人的行为对环境造成了直接破坏，对于温室效应和气候变暖负有不可推卸的责任。因此，考察城市居民对"个人行为与气候变暖关系"的认知，是为了反映不同个体特征的人群对于环境责任的判断。

（一）性别因素

对于"您认为您的日常行为对气候变暖有影响吗？"这一问题的回答，男性和女性的差异并不是很明显，得分分别为 2.23 和 2.25。这一分值表明，无论是男性还是女性，都认同个人的日常行为对气候变暖有一定的影响。随着汽车的广泛使用，越来越多的民众开始认识到尾气排放产生的温室效应对气候产生的严重影响，这一观念已深深根植于普通的城市居民心中。

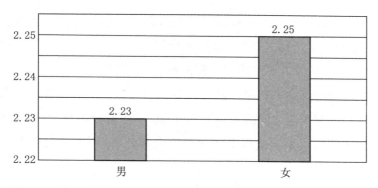

图 3.11 性别对判断个人日常行为在多大程度上导致气候变暖的影响

（二）年龄因素

从年龄的角度看,不同年龄段的人群对"个人行为与气候变暖"关系的认识也呈现出同质性的特点。由图 3.12 可知,60 岁以下的城市居民的得分基本相似,平均得分为 2.25 分,这表明基本认可个人的行为会对气候产生影响。对个人行为与气候变暖最不担忧的是 60 岁年龄段以上的人群,得分为 2.11。这一群体年龄偏大,这一年龄段的群体是新中国成立后出生的,生活简朴是他们的习惯,已基本形成了自己的生活习惯。在他们看来,自己节俭的生活习惯不会对环境产生重大的影响。

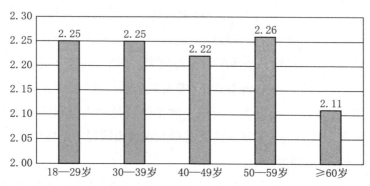

图 3.12 年龄对判断个人日常行为在多大程度上导致气候变暖的影响

（三）学历因素

不同教育水平的人群,对于"个人日常行为对气候变暖"的看法存在着一定的差异。其中，最担忧"个人的日常行为会对气候造成破坏"的是硕士学历的人群，打分的平均值为 2.32，这个结果与该年龄群体对 PM2.5 的了解程度也是相似的，这表明日常行为会对气候变暖产生一定的影响。初中、高中、大专、本科、博士学历人群对个人日常行为与气候变暖之间的关系基本相似，平均得分围绕 2.25 上下波动。这表明除了小学及以下文化程度人群外，学历因素对两者关系的影响并不显著。

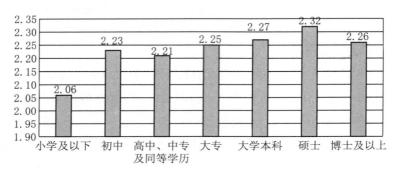

图 3.13　学历对判断个人日常行为在多大程度上导致气候变暖的影响

三、经济发展与环境保护孰轻孰重的影响因素

经济发展与环境保护是一对矛盾体。当前，我国经济发展进入了新常态、经济增速由高速转向中高速、发展方式由规模速度型增长转向质量效益型增长，经济下行压力较大。同时，我国环境保护工作力度也不断强化。在这种背景下，考察城市居民在"经济发展"和"环境保护"之间的选择，是为了反映不同个体特征的人群科学发展观意识的判断。这有助于了解生态文明理念在城市居民中的吸纳情况。

（一）性别因素

性别是影响认知的重要变量。在"经济发展"与"环境保护"这一选择上，性别的作用也比较突出。男性的打分均值为 1.54 分，表明男性偏向于环境保护更重要这一选项。女性的打分均值为 1.41，表明女性偏向于"经济发展和环境保护"同等重要。不过，从具体得分情况来看两者的差异并不是十分的显著。

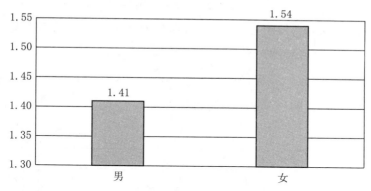

图 3.14 性别对"经济发展与环境保护孰轻孰重判断"的影响

（二）年龄因素

不同的年龄结构对经济发展和环境保护的重要性认知是存在差异的。50岁以下的年龄段人群在上述问题上的平均得分围绕1.49分波动，表明经济发展与环境保护同等重要。50岁以上人群的得分是1.32分，表明环境保护更加重要些。究其原因，可能是年轻人面临着更大的生存负担，在保护好环境的同时，希望经济能得到较好的发展，从而减缓生计压力。而对于老年人来讲，更关注身体的健康。因此，良好的空气、清洁的饮用水等等都是他们追求的目标，环境保护的意识更强。

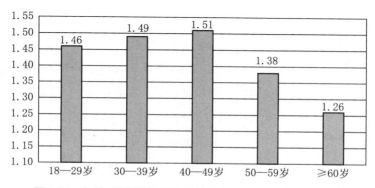

图 3.15 年龄对"经济发展与环境保护孰轻孰重判断"的影响

（三）学历因素

从图 3.16 可以看出，各个学历层次的群体在"经济发展与环境保护"关系的认知差异不是十分显著，得分围绕 1.50 分上下略有波动。这意味着经济发展和环境保护同等重要。产生这一现象可能的原因在于近年来国家环境保护的力度在不断加大，民众的环保意识也在不断上升，这说明环保这一概念已深入人心。

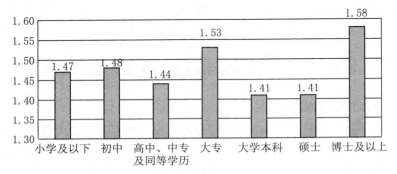

图 3.16 学历对"经济发展与环境保护孰轻孰重判断"的影响

第三节 五年来民众对环境认知的变化趋势

2013 年、2015 年和 2017 年我们分别针对中国城市居民环保意识进行了全国范围内的调查问卷。在环境知识这一版块，三次调查都设置了"PM2.5 知识""个人的日常行为对气候变暖的影响""经济发展与环境保护哪个重要"三个问题。因此，在本节中围绕上述三个问题，对三次调查的数据进行比较，从而使得读者对中国城市居民近五年来环境认知的变化趋势有粗浅的了解。需要说明的是，在 2015 年的调查中，"PM2.5"和"个人的日常行为对气候变暖的影响"这两个问题采用了 10 分制打分方式，分值越高代表受访者对 PM2.5 越了解、越赞同个人行为对气候变暖有影响。为了方便比较，本节对上述两道打分题进行了处理，转化为选项题。

一、对 PM2.5 的认知的变化趋势

由图 3.17 可知,五年来民众对 PM2.5 知识的掌握得到了显著的提高。其中,2017 年对 PM2.5 非常了解的人数达到了 225 人次,相比于 2013 年的 86 人次提高了近 250%。与之相对应的是,完全不了解 PM2.5 的民众数量也大幅度降低。当然,绝大部分人对 PM2.5 还只是有一点了解或者不太了解。产生上述变化的原因在于:PM2.5 直至 2011 年才为国人所认识;与其他污染物相比较,PM2.5 无论是从组成还是表述来看,都显得更专业些。所以在 2013 年和 2015 年的两次调查中,民众对其知之甚少。近年来,各地政府和气象部门都实时发布 PM2.5 的数据,使得 PM2.5 与其他常见污染物一样为民众所熟知。

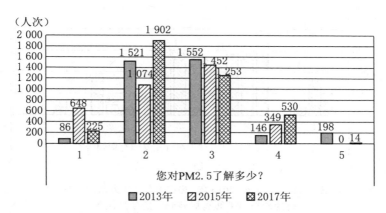

图 3.17　2013 年、2015 年、2017 年"您对 PM2.5 有多少了解"的条形图示

二、"日常行为对气候变化影响"认知的变化趋势

调查统计结果令研究者感到惊讶的是民众在"日常行为对气候变化影响"这一问题认知上的变化。2013 年,绝大部分民众都认为个人的日常行为对气候变暖没有影响或者影响不大,这两项占据了总人数的 90% 以上。2015 年,认为个人行为对气候变暖有一定影响和非常大影响的人数比例开始上升,特别是认为有非常大影响的人数比例涨到了近 20%。这表明城市居民都逐渐开始认识到自身行为对环境的影

响。究其原因，这与中国近来年来推行的各项环保政策是密切相关的。许多城市都出台了汽车限号、用天然气代替煤炭等政策。同时，舆论和媒体也在不断地加大宣传力度。例如，近年来中国先后发行了多部纪录片，将雾霾的现实摆在了普通大众面前，让更多人了解雾霾，重视环境问题。国家层面的政策推进使得民众开始反思自身的生活习惯，调查数据也显示了中国城市居民环保意识开始觉醒。但是，到了2017年，民众在日常行为对气候变暖影响这个问题上的态度又发生了变化。认为日常行为对气候变暖有非常大影响的人数开始滑落，认为日常行为对气候变暖没有影响的占了近40%，这一情形令研究者难以理解。

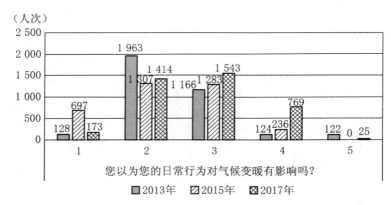

**图 3.18　2013 年、2015 年、2017 年"您认为您的日常
行为对气候变暖有影响吗?"的条形图示**

三、经济发展与环境保护的重要性

要发展经济，又要保护环境，这两者是否可以兼顾？可以说，在资源有限的前提下，人类生存环境的保护与经济发展之间至少在短期内存在着矛盾。不过，可喜的是，五年来城市居民对"经济发展"与"环境保护"孰轻孰重的认知已发生了较大的变化。2013 年，城市居民认为经济发展重要的人群比例占了 10%，到 2017 年该比例则减少了一半。改革开放以来，"GDP 锦标赛""经济发展至上论"是主流，而环境保护则处于边缘化的状态。胡锦涛同志上任后，提出了科学发

展的理念,使得可持续发展开始深入民心。2013 年的调查结果是这一历史进程的反映。2017 年调查的结果显示,认为经济发展与环境保护同等重要的比例上升为近 40%,认为环境保护更重要的比例下降为 30%。究其原因,党的十八大以来,提出了"五位一体"的概念,即经济建设、政治建设、文化建设、社会建设和生态文明建设。这是着眼于全面建成小康社会、实现中华民族伟大复兴的战略布局。环境保护在国家战略中的地位急剧上升。

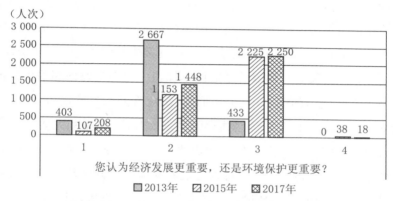

图 3.19 2013 年、2015 年、2017 年"您认为经济发展更重要还是环境保护更重要?"的条形图示

第四节 小 结

环境保护是一项系统工程,需要人民群众的共同努力。民众对环境知识的掌握又是促进环境保护的重要手段。通过 2017 年对中国城市居民环境认知状况数据的调查和分析可以发现当前民众在环境知识的掌握上还存在以下几方面的问题。

第一,中国城市居民的环保知识有待提升。从 2017 年对 PM2.5 知识的调查情况看,城市居民对 PM2.5 的知识还只是略知一二。因为这次调查的城市主要是省会或副省级城市,民众的文化程度较高,且具有广泛的渠道来接触环保知识。可以推测,在广大的农村地区,民众对包括 PM2.5 在内的环保知识知之更少。因此，我们可以做出一个基本的判断：大多数国民对于环境状况持中庸的态度，缺乏敏感性，对许多根本性的环境问题或知识缺少了解，甚至根本不了解。事实上，国家环保总局联合教育部的调查也表明，我国公众的环境知识掌握情况处于较低的水平、环境道德较弱，我国公众环境意识中具有很强的政府依赖特征。因此，提高民众的环保知识，首先要营造浓厚的环境保护文化氛围。从远古时期开始我们的祖先就崇拜各种自然之神，董仲舒提出的"天人合一"的环境文化哲学体系，这已经成为中华文化的重要组成部分。以文化因子的形式渗透民众的生活方式是最持之有效的。因此，在全社会普及传统文化的同时，可以适当以专题的形式来普及人与环境关系的国学知识。特别是要把那些生僻拗口的古文转化为朗朗上口、生动形象、民众喜闻乐见的语言，从而在民众心目中建立起人与自然共存的理念。其次，建立和完善具有中国特色的环境教育体系。环境知识要进入到义务教育课程，渗透到学校教育教学的各个环节。特别是在农村地区要开展环境知识的培训与再教育工作，开展环境宣传教育下乡活动。再次，倡导建立环境保护日，通过环境知识讲座、图片展等活动，丰富民众对环境知识的了解与掌握。开展有创意、有影响、有效应的"环境宣传周"、"环境文化节"等大型活动，广泛发展、深入动员，激励公民踊跃参与。

第二，中国城市居民关于"个人行为对环境的破坏力度"的认识还有待深化。从调查的数据看，近 40％的民众认为个人的行为不会对气候变暖产生影响。35％的民众认为只有一点影响。产生这一认知的可能原因在于个人"原子化"意识较强，认为自己制造出来的"垃圾或有害物体"相对于工业废物来讲可以忽略不计。事实上，个人产生的废弃物数量上可能不多，但是整个民众的基数比较大，从总体来看，对环境和气候的影响就显现出来了。特别是近年来，随着汽车在家庭中的普及，个人日常生活对气候的负面作用显得更为明显。据统计，30％的大气污染是由于内燃机排放导致的，内燃机排放的氮氧化物占总氮氧化物的 50％,内燃机排放的一氧化碳占总一氧化碳的 85％。针对上述问题,首先要适量增大环境知识的宣传引导。报刊、电视、网络等多种新闻媒体要发挥环境知识宣传的主阵地作用。可适时建立电视的环境频道,向公众灌输人类对环境的依存性,描述环境恶化带来的人间悲剧,揭示人类无限制的行为将导致自身的毁灭,从而激发民众的环保责任感和使命感。其次,发动群众共同制定环境行为规范,努力将保护环境、合理利用与节约资源的意识和行动渗透到公民日常生活之中。特别是针对网购等环保的新焦点,引导民众建立绿色消费的价值观。再次,建立环境信息公开制度,扩大民众对环境的知情权。建立起环境状况的公报、空气质量、水清洁度的周报、污染企业的排污数据等制度。建立并开放环保数据库,实现民众的共享共有,从而激发民众自觉的环境监督意识。

第三,中国城市居民的环境诉求的力度得到了提升,主要表现为在追求经济发展和环境保护问题上,民众更倾向于环保优先,这是我们调查中看到的欣喜现象。改革开放伊始,国民经济尚处在粗放型向集约型转变的转型时期,人们只关注于经济增长的数字,却往往忽略了其背后所付出的沉重代价:对资源的掠夺式开发造成环境的极大破坏;我国近年来的生态环境问题呈几何级数增长。党的十八大以来,中国经济发展速度略有下滑,但是民众的环保意识得到了强化。宁可经济发展慢一些,也不愿影响"子孙后代"发展。城镇居民对待"环境保护"和"经济发展"两者的态度表明生态文明的理念已深入人心。随着环保意识在民众中的深入扎根,相信环境污染的问题会得到根治。要保持好这种环保优先的意识需要进一步提升环境保护法的可执行度。当前,涉及环境的法律、条件比较多,但是许多法律还处于执行难的状态。例如,《中华人民共和国环境保护法》中涉及公民的日照、通风、安宁、清洁空气、水源等权利,但是一旦民众的上述权利受到侵害时,诉诸于司法保护的成本太高,这样难免会消减民众的环保参与意识,大大挫伤公民与危害环境行为作斗争的积极性。

第四章　环保意识评价

　　加强生态文明建设,不仅要依靠政府和企业加大投入,同时也离不开广大普通民众在理念和行动上的支持。一个人的环境意识决定了其能够在多大程度上以自身的实际行动为环保贡献自己的力量。环境意识既是指人们对环境和环境保护的一个认识水平和认识程度,又是人们为环境保护而不断调整自身经济和社会行为,协调人与环境、人与自然关系的实践活动的自觉性。也就是说,环境意识包括两个方面的含义,其一是人们对环境的认识水平,即环境价值观念,也包括心理、感受、感知、思维和情感等因素;其二是指人们保护环境行为的自觉程度。这两者相辅相成,缺一不可。

　　现代环境意识首先倡导于西方,中文译文来自"Environmental Awareness"一词。1968 年,美国学者罗斯首先提出了环境素养概念,针对当时媒体认为环境污染是那些对环境知识匮乏的人造成的错误看法,罗斯提出应重视有环境素养的公民,由此提出环境素养的概念。1978 年,联合国教科文组织在苏联的第比利斯召开政府间环境教育会议,认为有环境素养的人具有以下特征:对整体环境的感知与敏感性、对环境问题了解并具有经验、具有价值观及关心环境的情感、具有辨认和解决环境问题的技能及参与各阶层解决环境问题的工作。

　　我国关于环境意识的现有研究,缺乏统一的环境意识测评指标体系。现有的环境意识调查在设计问卷问题以及测量指标时,主要参考西方学者所提出的、较为成熟的环境意识量表,通过问卷调查方法收集社会公众的环境意识方面的数据,测量社会公众的环境意识水平。除了对民众的环境意识进行测评之外,大量的研究集中探讨在不同群体中造成社会公众环境意识水平差异的各种影响因素,并且对公众的环境意识如何转化为环境行为的机制进行探索。对于影响因素的探究,主要可以分为两类:第一类是个体层面的因素,主要包括性别、年龄、职业、学历、信仰、收入;第二类是结构性因素,主要包括经济社会发展水平、环境问题严重程度、新闻媒体的宣传报道、当地政府的环境保护力度等因素。

关于环境认识的内涵,主要存在两种观点,主要区别在于是否将环境行为视作独立于环境意识的变量。一种观点认为,环境意识是指人们在认知环境状况和了解环保规则的基础上,根据自己的基本价值观念而发生的参与环境保护的自觉性,它最终体现在有利于环境保护的行为上。环境意识应该包括环境知识、环境价值观、环境保护态度和环境保护行为等四个环节。另一种观点认为,环境行为是独立于环境意识的变量,环境意识与环境行为的相关关系和转化机制是值得研究的重要问题,有助于我们预测和引导公众的环境行动。

在本章中,我们认为环境行为独立于环境意识而存在,环境意识主要包括环保自觉意识、环保志愿意识以及环保公民意识等三个维度。环保自觉意识,是指社会公众根据自身的环境价值观念进行判断,自觉意识到环境问题的危害性,并在日常生活中采取有助于保护环境的行为。环保志愿意识,是指社会公众不以获取物质报酬为目的,在环保领域自愿贡献时间、能力和财富,为社会以及他人提供公益服务。权利意识和义务意识是公民意识的核心内涵,环保公民意识是公民意识在环保领域的体现,主要涉及环保私人领域与公共领域之间关系的处理问题。环保公民意识,便是在环保公共领域与私人领域的交锋中而产生,集中体现在公民愿意为了维护公共利益而接受法规制度对私人生活的渗透和规制的意愿。

环保自觉意识、环保志愿意识以及环保公民意识三个维度,需要选择一些能够反映各自根本属性的操作性指标加以测量。首先,作为城市居民日常生活的重要组成部分,垃圾分类意识和自带垃圾袋意识,可以有效测量环保自觉意识水平,反映城市居民在私人生活中参与环境保护的自觉程度。其次,环保志愿意识,主要包括环保贡献意愿、环保捐款意识以及环保义工意识三个指标,分别涉及总体意愿、捐款、义务劳动等三个重要方面,主要测量城市居民愿意为环保公益活动作出多大的贡献。最后,禁燃政策,集中反映了中国民众私人领域的传统节日习俗与地方政府环保领域的公共政策之间的矛盾。作为测量环保公民意识的关键指标,禁燃政策可以有效反映城市公民愿意为了环保领域的公共利益在何种程度上接受法规制度的约束。

本章将介绍全国被调查的 35 个主要城市在环保自觉意识、环保志愿意识以及环保公民意识三个方面的总体和分项城市排名情况,并将 2017 年和 2013 年的城市排名进行对比,解释城市排名变化的可能原因。然后,将着重分析性别、年龄、学历等被访者的个体特征对环境意识水平的可能影响。

第一节　环保自觉意识

对于城市居民环保意识的调查,主要包括环保自觉意识、环保志愿意识和环保公民意识三个维度,其中环保自觉意识主要从垃圾分类意识、自带购物袋意识、共享单车使用情况三个方面进行测量,环保志愿意识主要从环保贡献意愿、环保捐款意识和环保义工意识三个方面进行测量,环保公民意识主要从烟花禁燃政策支持度以及汽车限号政策支持度两个方面加以测量。表 4.1 反映了我国 35 个主要城市在环保自觉意识、环保志愿意识、环保公民意识三个方面的排名以及得分。其中,我国环保自觉意识平均分为 3.03,最高分为 3.61,最低分为 2.89。我国环保志愿意识平均分为 2.83,最高分为 3.02,最低分为 2.62。我国环保公民意识平均分为 3.86,最高分为 4.12,最低分为 3.62。这里需要特殊说明的是,与环保自觉意识和环保志愿意识四选项评测尺度不同,环保公民意识为五选项的评价标准,所以最高分为 5 分,因此不能与前两项进行直接比较。

从以下排名可以看出,我国城市居民的环保自觉意识、环保志愿意识以及环保公民意识还是比较强的,但是不同城市之间的差距较大。兰州、昆明、济南三个城市的居民在三项有关环保意识的测评中都排在了前十位,说明这三个城市的环保自觉、志愿以及公民意识确实较强。除此之外,长沙、重庆两个城市在环保自觉与志愿意识上排到了前十位,并且在环保公民意识上分别排在 11 名、12 名,总体情况不错。上海、成都、合肥三个城市在环保自觉意识与环保公民意识上都排到了前 10 位,而天津则在环保志愿意识与环保公民意识两项指标上排到了前十位。以上这些城市的居民总体上环保意识较高。

南昌、银川、呼和浩特三个城市的居民在三项有关环保意识的中都排在的后十位,说明从总体上看,三个城市居民的环保意识确实较差。除此之外,乌鲁木齐则在环保自觉意识与环保志愿意识上排在后十名,在环保公民意识上位列中游。深圳则在环保志愿意识与环保公民意识上排在了后十位,在环保自觉意识上位列中游。而武汉在环保自觉意识与环保公民意识上都排在了后十位,而在环保志愿意识上位列中游。以上这些城市的居民总体上环保意识较低。

表 4.1 2017 年城市环境意识测评分项排名

排名	环保自觉意识		环保志愿意识		环保公民意识	
1	兰 州	3.61	兰 州	3.02	成 都	4.12
2	上 海	3.39	重 庆	2.98	昆 明	4.08
3	昆 明	3.38	昆 明	2.96	兰 州	4.04
4	成 都	3.30	长 沙	2.94	济 南	4.04
5	西 安	3.28	北 京	2.93	上 海	4.00
6	长 沙	3.26	天 津	2.93	哈尔滨	3.97
7	重 庆	3.23	济 南	2.92	贵 阳	3.97

排名	环保自觉意识		环保志愿意识		环保公民意识	
8	太 原	3.22	海 口	2.91	合 肥	3.96
9	济 南	3.22	福 州	2.90	石家庄	3.95
10	合 肥	3.19	沈 阳	2.88	天 津	3.93
11	贵 阳	3.19	上 海	2.88	长 沙	3.92
12	郑 州	3.18	成 都	2.88	重 庆	3.91
13	广 州	3.18	厦 门	2.88	大 连	3.91
14	石家庄	3.15	南 京	2.86	宁 波	3.89
15	深 圳	3.15	长 春	2.86	福 州	3.87
16	宁 波	3.13	贵 阳	2.85	南 宁	3.85
17	青 岛	3.12	太 原	2.85	乌鲁木齐	3.85
18	大 连	3.11	武 汉	2.85	青 岛	3.84
19	北 京	3.11	西 安	2.83	厦 门	3.83
20	西 宁	3.10	石家庄	2.82	长 春	3.83
21	杭 州	3.08	南 宁	2.81	海 口	3.82
22	天 津	3.07	青 岛	2.81	南 京	3.82
23	哈尔滨	3.06	大 连	2.80	郑 州	3.81
24	厦 门	3.05	西 宁	2.80	沈 阳	3.80
25	长 春	3.02	广 州	2.78	广 州	3.78
26	南 昌	3.02	郑 州	2.78	深 圳	3.78
27	南 京	2.99	合 肥	2.77	武 汉	3.78
28	银 川	2.97	杭 州	2.74	南 昌	3.75
29	乌鲁木齐	2.97	深 圳	2.74	杭 州	3.75
30	南 宁	2.96	哈尔滨	2.73	西 安	3.74
31	武 汉	2.96	宁 波	2.71	太 原	3.74
32	沈 阳	2.95	乌鲁木齐	2.71	西 宁	3.74
33	福 州	2.92	南 昌	2.70	北 京	3.73
34	呼和浩特	2.90	银 川	2.64	呼和浩特	3.70
35	海 口	2.89	呼和浩特	2.62	银 川	3.62

随着我国社会经济的迅速发展、城市化的快速推进,居民生活水平不断提高,城镇居民日常生活日益成为环境污染的重要来源。根据 2015 年《中国环境统计公报》,全国废水总计 735.3 亿吨,其中城镇生活源 535.2 亿吨,工业源 199.5 亿吨。随着环境污染来源发生变化,环境保护的责任主体也应发生改变,环境保护不应该仅仅是政府和企业的责任,还是每一个公民必须承担的责任。居民既是环境污染的受害者,同时又是环境污染的制造者,居民的生活方式对环境造成的影响远远超过我们的想象。党的十九大报告指出要倡导简约适度、绿色低碳的生活方式,在政府、社会团体以及公民自发的各类环保倡议下,环保行动成为一种新的时尚。

本节将介绍被调查的 35 个城市在环保自觉意识方面的排行情况,主要从垃圾分类、自带购物袋两三个方面展开。首先,将展示各城市居民在垃圾分类意识、自带购物袋意识上的综合排行榜和分项排行榜;然后,分析被访者的个体特征对环保自觉意识的影响。

一、城市环保自觉意识综合排名和分项排名

为了了解各个城市市民的环保自觉意识,此次调查设立了两个问题"你是否愿意将垃圾分类?""您是否愿意自带购物袋去超市购物",请受访者从非常愿意、愿意、不太愿意、根本不愿意这四个选项中进行选择,这四个选项分别赋值为 4、3、2、1,分值越高代表愿望越强烈。此外,本次调查还对于共享单车的使用情况进行了调查,问题为"您用共享单车吗",本次调查提供受访者三个选项,分别为"从不用""偶尔用""经常用",将其分别赋值为 0、1、2,分值越高表示在日常生活中对于共享单车的使用频率越高。由于共享单车在各个城市进行推广时,多使用"便捷与环保"作为自身产品的优势,共享单车在节能减排方面的贡献也得到了政府的肯定、支持与配合,共享单车因其绿色出行、低碳环保而在城市居民群体中蔚然成风,因而对于共享单车的使用频率在一定程度上可以反映城市居民的环保自觉意识。

三个问题中,第一个问题测量居民的垃圾分类意识,第二个问题测量居民的自带购物袋意识,第三个问题测量居民的绿色出行意识。由于第三个问题的选项设计,与其他题目存在较大差别,因而本书以前两个变量的平均值作为一个城市居民环保自觉意识水平的综合得分。

(一) 环保自觉意识综合排名

表4.2展示了35个被调查城市垃圾分类意识、自带购物袋意识以及经过两个问题综合处理后的环保自觉意识排名。在环保自觉意识的综合排名中,兰州排名第一,得分为3.61分。排名前十的城市中,紧随其后的分别为上海(3.39)、昆明(3.38)、成都(3.30)、西安(3.28)、长沙(3.26)、重庆(3.23)、太原(3.22)、济南(3.22)、合肥(3.19)。排名后十位的城市中,包括南昌、南京、银川、乌鲁木齐、南宁、武汉、沈阳、福州、呼和浩特、海口。

通过表4.2可以看出,在环保自觉意识综合排名前十名的城市中,兰州、上海、昆明、西安、长沙、太原六座城市在垃圾分类意识、自带购物袋意识还是综合得分上都在前十名。其中,兰州、上海以及昆明三座城市,在三项排名中都排在前五名。此外,在环保自觉意识综合排名后十名的城市中,乌鲁木齐、南宁、武汉、沈阳、呼和浩特、海口六座城市在三项排名上都在后十名左右。

从环保自觉意识综合排名来看,排名前十的城市中,兰州、昆明、成都、西安、重庆五座城市是西部城市,长沙、太原、合肥三座城市是中部城市,上海、济南等两座城市是东部城市。而在排名后十位的城市中,有四座城市是西部城市,两座城市是中部城市,四座城市是东部城市。而且在垃圾分类意识、自带购物袋意识这两个问题的得分上,六座城市在两个问题的得分相差都在十个名次以上,其中有五座城市是东部城市。因而,无论是从环保自觉意识的综合排名和分项排名来看,东部经济发达地区与中西部地区城市在环保自觉意识上的差距并没有那么大。

表 4.2 2017 年城市居民环保自觉意识综合排名

排名	环保自觉意识排名		垃圾分类意识排名		自带购物袋意识排名	
1	兰 州	3.61	兰 州	3.66	兰 州	3.56
2	上 海	3.39	昆 明	3.43	上 海	3.43
3	昆 明	3.38	西 安	3.41	昆 明	3.33
4	成 都	3.30	长 沙	3.38	成 都	3.29
5	西 安	3.28	上 海	3.35	重 庆	3.21
6	长 沙	3.26	济 南	3.34	北 京	3.15
7	重 庆	3.23	广 州	3.34	长 沙	3.15
8	太 原	3.22	郑 州	3.32	西 安	3.14
9	济 南	3.22	贵 阳	3.32	太 原	3.12
10	合 肥	3.19	太 原	3.32	合 肥	3.10
11	贵 阳	3.19	大 连	3.32	济 南	3.09
12	郑 州	3.18	青 岛	3.30	深 圳	3.07
13	广 州	3.18	成 都	3.30	贵 阳	3.05
14	石家庄	3.15	石家庄	3.30	郑 州	3.04
15	深 圳	3.15	合 肥	3.28	广 州	3.02
16	宁 波	3.13	西 宁	3.25	厦 门	3.01
17	青 岛	3.12	宁 波	3.25	宁 波	3.01
18	大 连	3.11	重 庆	3.24	石家庄	3.01
19	北 京	3.11	深 圳	3.23	南 京	2.99
20	西 宁	3.10	哈尔滨	3.20	杭 州	2.98
21	杭 州	3.08	天 津	3.17	天 津	2.96
22	天 津	3.07	杭 州	3.17	西 宁	2.95
23	哈尔滨	3.06	南 昌	3.16	长 春	2.94
24	厦 门	3.05	长 春	3.10	青 岛	2.94
25	长 春	3.02	银 川	3.10	福 州	2.92
26	南 昌	3.02	厦 门	3.10	乌鲁木齐	2.92
27	南 京	2.99	北 京	3.06	南 宁	2.91
28	银 川	2.97	沈 阳	3.06	哈尔滨	2.91

（续表）

排名	环保自觉意识排名		垃圾分类意识排名		自带购物袋意识排名	
29	乌鲁木齐	2.97	武　汉	3.02	海　口	2.91
30	南　宁	2.96	呼和浩特	3.02	武　汉	2.90
31	武　汉	2.96	南　宁	3.01	大　连	2.90
32	沈　阳	2.95	乌鲁木齐	3.01	南　昌	2.87
33	福　州	2.92	南　京	2.99	银　川	2.84
34	呼和浩特	2.90	福　州	2.92	沈　阳	2.83
35	海　口	2.89	海　口	2.88	呼和浩特	2.77

（二）垃圾分类意识

总体而言，被调查城市的居民垃圾分类意识还是比较强的，达到3.19，标准差0.70，具体的分布情况见图4.1。从分布上可以明显看出，回答"非常愿意"的城市居民占31.83％，选择"愿意"的城市居民占58.54％，这表示有90.37％的城市居民愿意对垃圾进行分类。与2013年进行对比，我们可以发现选择"非常愿意"的人群由16.00％增长到31.83％，而选择"非常愿意"和"愿意"的人群没有发生太大变化，由95.60％减少到90.37％。这表示城市居民支持垃圾分类的群体规模保持了相对稳定，并且在支持垃圾分类的城市居民中，垃圾分类意识的强度又实现了一定程度的提高。

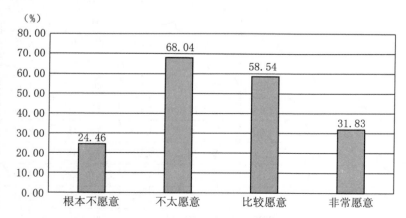

图4.1　2017年垃圾分类意识得分分布

按照各城市受访市民的得分,将 35 个城市进行排名(见图 4.2),公众垃圾分类意识最高的是兰州,得分 3.66 分。紧随其后的是昆明(3.43)、西安(3.41)、长沙(3.38)、上海(3.35)、济南(3.34)、广州(3.34)、郑州(3.32)、贵阳(3.32)、太原(3.32)。在垃圾分类意识前十名城市中,上海、济南和广州属于东部城市,兰州、昆明、西安、贵阳四座城市属于西部城市,长沙、郑州、太原三座城市属于中部城市。

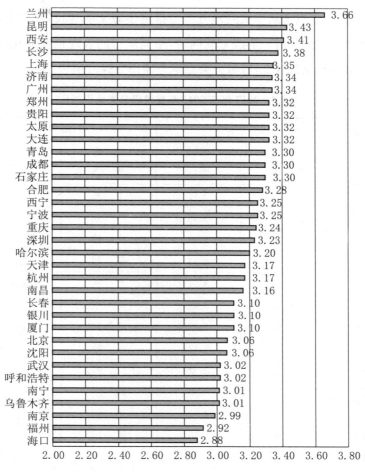

图 4.2　2017 年城市居民垃圾分类意识排名

根据表 4.3,我们将 2017 年与 2013 年垃圾分类意识城市排名进行对比,我们发现垃圾分类意识得分整体有了较大的提高,平均分由

2013 年(2.99)提高到 2017 年(3.19)。但在一些城市排名变化较大的同时,仍然有一些城市的排名保持了相对稳定,在 2013 年排名前十名的城市中,上海、兰州、长沙、郑州等 4 座城市在 2017 年度保住了前十名的位置。而在 2013 年度排名后十名的城市中,海口、南宁、福州、武汉四座城市依然在 2017 年度排在后十名,不过除了海口、福州以外,其他城市均实现了一定程度的名次提升。从以上结果,我们可以看出,最近五年以来从中央到地方大力推进生态文明建设,在提升垃圾分类意识方面取得一定成果的同时,不同城市的表现也在分化,落后的城市不断迎头赶上,垃圾分类意识整体得分提升很快。

表 4.3 2017 年与 2013 年度垃圾分类意识对比

排名	2017 年		2013 年	
1	兰　州	3.66	成　都	3.23
2	昆　明	3.43	北　京	3.22
3	西　安	3.41	上　海	3.15
4	长　沙	3.38	兰　州	3.13
5	上　海	3.35	大　连	3.10
6	济　南	3.34	郑　州	3.10
7	广　州	3.34	青　岛	3.10
8	郑　州	3.32	南　京	3.09
9	贵　阳	3.32	哈尔滨	3.07
10	太　原	3.32	长　沙	3.06
11	大　连	3.32	广　州	3.04
12	青　岛	3.30	西　宁	3.03
13	成　都	3.30	贵　阳	3.01
14	石家庄	3.30	银　川	3.01
15	合　肥	3.28	石家庄	3.01
16	西　宁	3.25	天　津	3.01
17	宁　波	3.25	合　肥	3.00
18	重　庆	3.24	呼和浩特	2.98

排名	2017 年		2013 年	
19	深　圳	3.23	重　庆	2.97
20	哈尔滨	3.20	厦　门	2.97
21	天　津	3.17	南　昌	2.95
22	杭　州	3.17	济　南	2.95
23	南　昌	3.16	深　圳	2.95
24	长　春	3.10	沈　阳	2.94
25	银　川	3.10	宁　波	2.94
26	厦　门	3.10	海　口	2.93
27	北　京	3.06	杭　州	2.92
28	沈　阳	3.06	西　安	2.91
29	武　汉	3.02	长　春	2.89
30	呼和浩特	3.02	太　原	2.89
31	南　宁	3.01	南　宁	2.85
32	乌鲁木齐	3.01	昆　明	2.84
33	南　京	2.99	福　州	2.83
34	福　州	2.92	武　汉	2.73
35	海　口	2.88		

（三）自带购物袋意识

有关第二个问题"您是否愿意自带购物袋去超市购物？"，受访居民的平均得分同样是较高的，达到了 3.03 分，标准差为 0.77，具体分布情况见图 4.3。从分布上可以明显看出，回答"非常愿意"的城市居民占 26.17％，选择"愿意"的城市居民占 55.07％，这表示有 81.24％的城市居民愿意自带购物袋去超市购物。与 2013 年进行对比，我们可以发现选择"非常愿意"的人由 16.20％增长到 26.17％，而选择"愿意"及以上的人群发生了一定程度的变化，由 90.10％减少到 81.24％。这说明支持自带购物袋的城市居民群体规模小幅缩减，但与此同时，群体内部自带购物袋意识的强度实现了一定程度的提高。

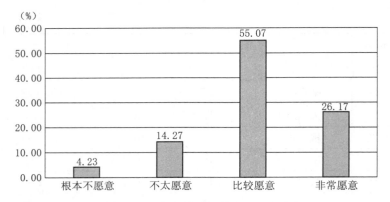

图 4.3　2017 年自带购物袋意识得分分布

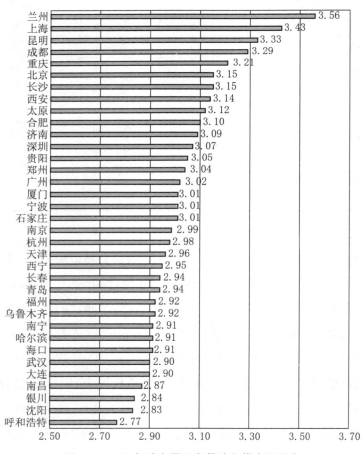

图 4.4　2017 年城市居民自带购物袋意识排名

从分城市受访者的平均得分上看,排名第一的是兰州,得分为3.56分。紧随其后的,分别是上海(3.43)、昆明(3.33)、成都(3.29)、重庆(3.21)、北京(3.15)、长沙(3.15)、西安(3.14)、太原(3.12)、合肥(3.10)。前十名除了北京和上海外,其余都是中西部城市,包含兰州、昆明、成都、重庆、西安五座西部城市,以及长沙、太原、合肥三座中部城市。从总体上看,西部地区城市居民的自带购物袋意识要高于中部以及东部地区城市居民。

根据表4.4,我们将2017年与2013年自带购物袋意识城市排名进行对比,我们发现自带购物袋意识得分小幅提高,平均分由2013年(2.93)提高到2017年(3.03)。在2013年度排名前十的城市中,北京、上海、长沙、西安四座城市在2017年度仍然处于前十名。与此同时,在2013年度排在最后十名的城市中,福州、沈阳、海口、武汉、南宁仍然在2017年度排在最后十名,除沈阳以外,其他城市均实现了一定程度的名次提升。

表4.4 2017年与2013年度自带购物袋意识对比

排名	2017年		2013年	
1	兰 州	3.56	北 京	3.11
2	上 海	3.43	上 海	3.07
3	昆 明	3.33	青 岛	3.05
4	成 都	3.29	郑 州	3.04
5	重 庆	3.21	长 沙	3.02
6	北 京	3.15	银 川	3.01
7	长 沙	3.15	南 京	3.01
8	西 安	3.14	哈尔滨	3.01
9	太 原	3.12	西 安	3.01
10	合 肥	3.10	呼和浩特	3.01
11	济 南	3.09	天 津	3.00
12	深 圳	3.07	广 州	2.99
13	贵 阳	3.05	厦 门	2.99

（续表）

排名	2017 年		2013 年	
14	郑 州	3.04	合 肥	2.98
15	广 州	3.02	兰 州	2.97
16	厦 门	3.01	西 宁	2.97
17	宁 波	3.01	深 圳	2.96
18	石家庄	3.01	石家庄	2.94
19	南 京	2.99	长 春	2.94
20	杭 州	2.98	重 庆	2.93
21	天 津	2.96	宁 波	2.93
22	西 宁	2.95	大 连	2.92
23	长 春	2.94	成 都	2.91
24	青 岛	2.94	南 昌	2.90
25	福 州	2.92	济 南	2.90
26	乌鲁木齐	2.92	福 州	2.89
27	南 宁	2.91	昆 明	2.88
28	哈尔滨	2.91	沈 阳	2.84
29	海 口	2.91	太 原	2.80
30	武 汉	2.90	贵 阳	2.79
31	大 连	2.90	海 口	2.73
32	南 昌	2.87	武 汉	2.73
33	银 川	2.84	南 宁	2.63
34	沈 阳	2.83	杭 州	2.63
35	呼和浩特	2.77		

（四）共享单车使用

城市居民使用共享单车节能减排效果显著,可以减少私家车的使用频率、促进绿色出行,能够有效反映城市居民的环保自觉意识。使用共享单车不仅仅是一种经济行为,追求经济性和便捷性,而且是一种绿色出行方式,从侧面上反映了使用者的环保价值观。考察共享单车使用与 PM2.5 知晓度、日常行为对气候变暖等环境知识认知的关联，发现二者相关系数分别为 0.166** 和 0.070**（双尾检验显著度：** p＜0.01），说明城市居民环境知识认知水平越高，共享单车使用越频繁。此外，共享单车使用与汽车限号政策的相关系数为 0.077**（双尾检验显著度：** p＜0.01），说明共享单车使用越频繁的人，对于汽车限号政策的支持度越高。

有关第三个问题"您用共享单车吗?"，受访居民的平均得分是 0.69，标准差是 0.72，具体分布情况见图 4.5。从分布上可以明显看出，共享单车作为一种从互联网共享经济中脱胎而出的新生事物，在城市居民中实现了一定程度的初步普及，有 54.10% 的城市居民使用共享单车，与此同时 45.90% 的城市居民从不使用共享单车。在使用共享单车的城市居民中，39.27% 的城市居民低频率使用共享单车，经常使用共享单车的人群占城市居民群体的 14.83%。

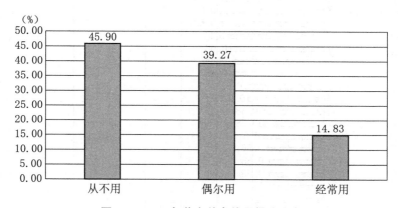

图 4.5　2017 年共享单车使用得分分布

按照各城市受访市民的得分，将 35 个城市进行排名（见图 4.6），城市居民共享单车使用排名最高的是成都市，得分为 1.12。紧随其后的是昆明（0.98）、上海（0.89）、太原（0.88）、西安（0.86）、济南（0.81）、郑州（0.81）、合肥（0.79）、深圳（0.78）、长沙（0.76）。排名前十位的城市，在各个地域板块分布都比较均匀，北方城市有 4 个、南方城市有 6 个,东部城市 3 个、中部城市 4 个、西部城市 3 个。在气候、地形因素相差不大的城市之间,共享单车的使用情况比较能够反映城市居民的绿色出行意识,比如成都、昆明、上海等城市居民的绿色出行意识,明显高于合肥、深圳和长沙。

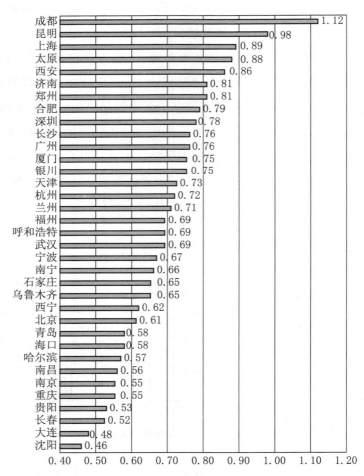

图 4.6　2017 年城市居民共享单车使用排名

在排名后十位的城市中,哈尔滨、长春、大连、沈阳四座城市属于东北地区,寒冷时间较长,青岛、重庆、贵阳三座城市属于典型的丘陵城市、山城,共享单车的使用情况不佳。其中,与长春、大连、沈阳相比,哈尔滨的共享单车使用得分更高,由于哈尔滨气候更为寒冷,因而更能推测出哈尔滨居民的绿色出行意识强于长春、大连和沈阳。

二、城市居民环保自觉意识影响因素分析

不同个体特征的公众在环保自觉意识上的表现会有所不同,分析调查者个体特征因素对环保自觉意识的影响,有助于政府部门更有针对性地对不同群体采取不同的宣传措施,有助于为改善环境质量提出更有针对性的意见和建议。

(一)性别因素

比较性别因素对环保自觉意识的影响发现,女性比男性在环保自觉意识上更强,女性的平均值(3.14)要略高于男性(3.07),性别与环保自觉意识的相关系数为 0.051**(其中男性＝1,女性＝2,双尾检验显著度:** $p < 0.01$)。性别与垃圾分类意识的相关系数为 −0.043**(其中男性＝1,女性＝2,双尾检验显著度:** $p < 0.01$)。比较不同性别垃圾分类意识平均得分,女性为 3.17,男性为 3.21,女性得分略低于男性。而在第二个问题即自带购物袋意识上,性别与此的相关系数为 0.106**(其中男性＝1,女性＝2,双尾检验显著度:** $p < 0.01$)。在自带购物袋意识的平均得分上,女性为 3.12,男性为 2.94,女性大幅领先于男性。具体的平均得分请见图 4.7。

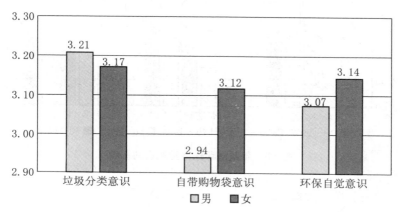

图 4.7 性别对环保自觉意识的影响

（二）年龄因素

考察年龄因素对环保自觉意识的影响发现，受访者的年龄跟环保自觉意识呈现正相关，即年龄越大，环保自觉意识越高，年龄与环保自觉意识的相关系数为 0.077** （双尾检验显著度：** p＜0.01）。年龄与垃圾分类意识的相关系数为 0.045** （双尾检验显著度：** p＜0.01）。年龄与自带购物袋意识的相关系数为 0.083** （双尾检验显著度：** p＜0.01）。从平均值比较来看，不同年龄层的受访者的环保自觉意识有所不同。从垃圾分类意识来看，从 18—29 岁的群体一直到 50—59 岁，随着年龄的增长，垃圾分类意识也在不断提高，但是 60 岁以上人群的垃圾分类意识却逆势降低，和 18—29 岁、30—39 岁处于同一水平。从总体看来，垃圾分类意识得分都比较高，不同年龄群体之间的差距并不是很明显，只有 50—59 岁群体垃圾分类意识与其他群体之间存在显著的差距。此外，自带购物袋意识也呈现出随着年龄增长而不断提高的趋势，只有 50—59 岁群体不符合这个趋势，自带购物袋意识相对于 40—49 岁群体出现了小幅下降。

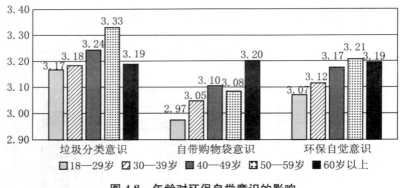

图 4.8　年龄对环保自觉意识的影响

（三）学历因素

比较不同人群对环保自觉意识的评价，发现受访者的受教育程度对环保自觉意识的影响非常显著,学历与环保自觉意识的相关系数为 0.098**(双尾检验显著度:** p<0.01)。学历与垃圾分类意识的相关系数为 0.067**(双尾检验显著度:** p<0.01);学历与自带购物袋的相关系数为 0.098**(双尾检验显著度:** p<0.01)。

比较不同学历人群环保自觉意识的平均得分(见图 4.9),我们可以看出随着受教育年限的增加,环保自觉意识、垃圾分类意识的得分都呈现出稳步上升的趋势,大专群体以及博士群体明显不符合这个趋势,尤其是博士群体作为学历最高的群体环保自觉意识得分却明显低于其他所有群体。与垃圾分类意识相同,不同学历人群自带购物袋意识也呈现出随着受教育年限增加而不断提高的趋势,但只有博士群体明显不符合这个趋势,得分只有 2.53 分,明显偏低。

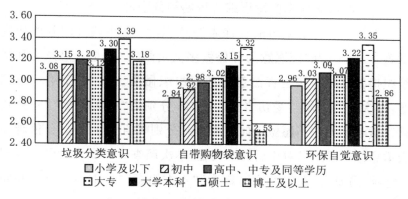

图 4.9　学历对环保自觉意识的影响

第二节　环保志愿意识

作为整体的环境意识,既是人们对环境和环境保护的一个认识水平和认识程度,又是人们为环境保护而不断调整自身经济活动和社会行为,协调人与环境、人与自然关系实践活动的自觉性。如果说自觉意识更强调人们的认识水平和认识程度的话,那么本节的志愿意识更侧重于人们的实践活动的自觉性。

本节将介绍被调查的 35 个城市中，城市居民的环保志愿意识水平的具体情况。由于环保志愿意识水平主要体现在自愿贡献时间、能力与财富并且为社会公众提供公益服务，所以本调查主要围绕从环保贡献意识、环保捐款意识、环保义工意识三个方面展开。同时，针对本调查的连续性，本节将 2017 年的调查结果与 2013 年环境保护志愿意识的结果进行比较，以体现不同城市居民在环保志愿意识上的变化情况。

本节的主要内容包括：首先，公布各个城市环保志愿意识的分项排名和综合排名。其次，分析受访者的个体特征对公众环保志愿意识的影响。

一、城市环保志愿意识综合排名和分项排名

为了了解各个城市的环保志愿意识，2017 年调查问卷的研究设置了三个问题"您愿意为环保做多大贡献"、"您是否愿意为环保组织捐款"以及"您是否愿意为环保组织做义工"。对于第一个问题，本次调查提供给受访者四个选项，分别为"很大贡献""一些贡献""贡献不大""不愿做任何贡献"，并分别赋值为 4 到 1，分值越高表示意愿越强烈。对于后两个问题，本次调查同样提供给受访者四个选项，分别为"非常愿意""愿意""不太愿意""根本不愿意"，并同样的赋值为 4 到 1，分值越高表示愿望越强烈。三个问题中，第一个问题测量城市居民的环保贡献意愿，第二个问题测量城市居民的环保捐款意识水平，最后一个问题关注城市居民的环保义工意识水平。以三个变量的平均值作为一个城市居民的环保志愿意识水平综合得分。

（一）环保志愿意识综合排名

本书将这三个问题的得分进行综合排名。在环保志愿意识的综合排名中，兰州排名第一，得分为 3.02 分。排名前十的城市中，紧随

其后的分别为重庆(2.98)、昆明(2.96)、长沙(2.94)、北京(2.93)、天津(2.93)、济南(2.92)、海口(2.91)、福州(2.90)、沈阳(2.88)。排名最后十位的城市,包括郑州、合肥、杭州、深圳、哈尔滨、宁波、乌鲁木齐、南昌、银川、呼和浩特。

　　在环保志愿意识综合排名前十名的城市中,兰州、重庆、昆明、长沙四个城市在居民环保贡献意愿上排名在前十名;而北京、兰州、天津、海口、福州、沈阳六个城市的居民捐款意愿同样比较强烈;兰州、重庆、昆明、长沙、北京、天津、海口、沈阳八个城市的居民为环境保护组织做义工的意愿同样名列前茅。

　　在环保志愿意识综合排名后十名的城市中,乌鲁木齐、呼和浩特、银川、南昌四个城市居民的环境贡献意愿同样排在后十名;而深圳、哈尔滨、宁波、南昌、银川、呼和浩特六个城市居民的环保捐款意愿同样较弱;合肥、杭州、深圳、宁波、乌鲁木齐、南昌、银川、呼和浩特七个城市居民为环保组织做义工的意愿同样处于后十名中。从地域上看,无论是名列前茅的城市还是名次比较靠后的城市,都既有东部发达地区的城市也有中西部地区的城市,并没有体现出空间上的聚类特征。

表 4.5　2017 年城市居民环保志愿意识综合排名

排名	环保志愿意识		环保贡献意愿		环保捐款意愿		环保义工意愿	
1	兰　州	3.02	济　南	3.15	北　京	2.99	重　庆	3.11
2	重　庆	2.98	昆　明	3.09	兰　州	2.97	兰　州	3.10
3	昆　明	2.96	石家庄	3.07	沈　阳	2.95	北　京	3.04
4	长　沙	2.94	长　沙	3.05	福　州	2.94	长　沙	3.03
5	北　京	2.93	成　都	3.04	海　口	2.93	海　口	3.00
6	天　津	2.93	西　安	3.01	南　宁	2.91	天　津	2.99
7	济　南	2.92	兰　州	3.00	天　津	2.91	昆　明	2.97
8	海　口	2.91	上　海	3.00	厦　门	2.90	成　都	2.96

排名	环保志愿意识		环保贡献意愿		环保捐款意愿		环保义工意愿	
9	福 州	2.90	重 庆	3.00	南 京	2.87	厦 门	2.96
10	沈 阳	2.88	太 原	2.99	武 汉	2.85	沈 阳	2.95
11	上 海	2.88	贵 阳	2.96	重 庆	2.84	济 南	2.95
12	成 都	2.88	郑 州	2.92	昆 明	2.83	长 春	2.95
13	厦 门	2.88	广 州	2.91	长 春	2.81	南 京	2.94
14	南 京	2.86	天 津	2.90	贵 阳	2.74	上 海	2.94
15	长 春	2.86	福 州	2.89	长 沙	2.73	武 汉	2.92
16	贵 阳	2.85	大 连	2.88	太 原	2.72	福 州	2.88
17	太 原	2.85	青 岛	2.88	合 肥	2.70	西 宁	2.88
18	武 汉	2.85	合 肥	2.84	上 海	2.70	大 连	2.87
19	西 安	2.83	宁 波	2.84	青 岛	2.69	贵 阳	2.86
20	石家庄	2.82	深 圳	2.84	西 宁	2.69	青 岛	2.86
21	南 宁	2.81	西 宁	2.83	济 南	2.67	太 原	2.85
22	青 岛	2.81	长 春	2.83	乌鲁木齐	2.67	郑 州	2.84
23	大 连	2.80	哈尔滨	2.81	杭 州	2.66	哈尔滨	2.83
24	西 宁	2.80	杭 州	2.81	大 连	2.65	南 宁	2.83
25	广 州	2.78	海 口	2.79	石家庄	2.64	西 安	2.83
26	郑 州	2.78	武 汉	2.79	广 州	2.64	深 圳	2.79
27	合 肥	2.77	南 京	2.78	南 昌	2.64	广 州	2.78
28	杭 州	2.74	银 川	2.78	西 安	2.64	乌鲁木齐	2.77
29	深 圳	2.74	北 京	2.77	成 都	2.63	合 肥	2.76
30	哈尔滨	2.73	南 昌	2.77	深 圳	2.58	宁 波	2.75
31	宁 波	2.71	厦 门	2.77	郑 州	2.57	杭 州	2.74
32	乌鲁木齐	2.71	沈 阳	2.74	哈尔滨	2.54	石家庄	2.73
33	南 昌	2.70	呼和浩特	2.73	呼和浩特	2.53	南 昌	2.69
34	银 川	2.64	南 宁	2.68	宁 波	2.53	银 川	2.68
35	呼和浩特	2.62	乌鲁木齐	2.68	银 川	2.45	呼和浩特	2.60

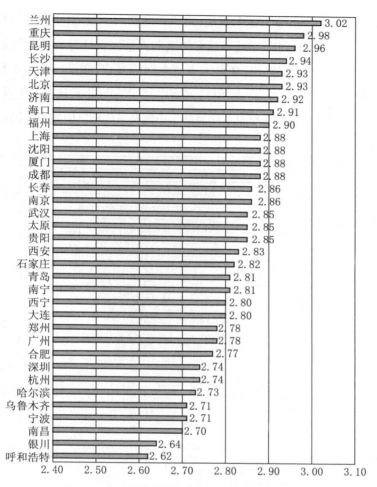

图 4.10 2017 年城市居民环保志愿意识综合排名

(二)环保贡献意愿

根据 2017 年的数据,总体而言,被调查城市的居民环保贡献意愿比较高,环保贡献意愿平均分为 2.88 分,相当于大部分城市居民都愿意为环保做出一些贡献。按照环保贡献意愿得分将 35 个被调查城市进行排名,环保贡献意愿最高的是济南,得分为 3.15 分。紧随其后的分别是昆明(3.09)、石家庄(3.07)、长沙(3.05)、成都(3.04)、西安(3.01)、兰州(3.00)、上海(3.00)、重庆(3.00)、太原(2.99)。在环保贡献意愿前十名中,西部有昆明、西安、兰州、重庆、太原和成都六个城市,中部有长沙和石家庄两个城市,而东部城市只有济南和上海。在环保贡献意愿最后十名中,西部城市有银川、乌鲁木齐两个西部城市,武汉、南昌、呼和浩特、南宁四个中部城市,南京、厦门、沈阳三个东部城市。从总体上看,西部地区城市居民的环保贡献意愿要高于中部及东部地区的城市居民。

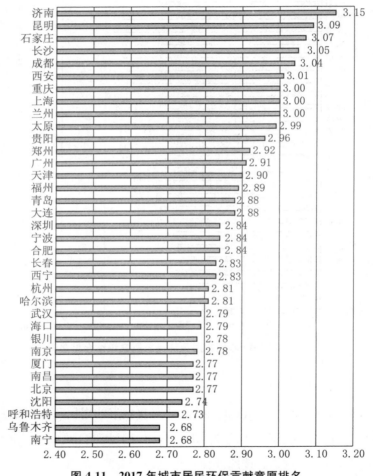

图4.11 2017年城市居民环保贡献意愿排名

(三)环保捐款意识

对于环保志愿意识的第二个问题,环保捐款意愿,从35个城市的总体得分上,要普遍低于环保贡献意愿,35 个城市的平均分为 2.73 分,说明大部分民众对于捐款的态度介于不愿捐款与愿意捐款之间,并倾向于愿意捐款。在捐款意愿上名列榜首的是北京,得分为 2.99 分,说明大部分民众愿意捐款。紧随其后的有兰州(2.97)、沈阳(2.95)、福州(2.94)、海口(2.93)、南宁(2.91)、天津(2.91)、厦门(2.90)、南京(2.87)和武汉(2.85)。从上述名单们可以看出,在捐款意愿上名列前茅的西部城市只有兰州,中部城市有海口、南宁和武汉,说明在捐款意识上东部地区的城市居民意愿比较强烈。而在捐款意愿上排在最后十名的城市中,仅有广州、深圳、宁波三个东部地区的城市,其余均为中西部地区的城市。

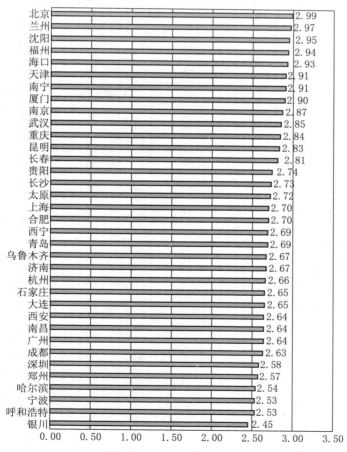

图 4.12 2017 年城市居民环保捐款意识排名

从 2017 年与 2013 年环保捐款意愿的对比上，两次调查的平均分基本相同，2013 年(2.77)略高于 2017 年的(2.73)。从这项结果我们可以看出，虽然近些年来我国各地区都愈加重视环境保护工作，但就城市居民的捐款意识上来看，并没有产生明显的效果，而且不同城市在两次调查中的表现差异也较大。

表 4.6　2017 年与 2013 年度环保捐款意识对比

排名	2017 年		2013 年	
1	北　京	2.99	西　宁	2.92
2	兰　州	2.97	兰　州	2.88
3	沈　阳	2.95	哈尔滨	2.86
4	福　州	2.94	大　连	2.85
5	海　口	2.93	昆　明	2.85
6	南　宁	2.91	呼和浩特	2.84
7	天　津	2.91	广　州	2.84
8	厦　门	2.90	银　川	2.84
9	南　京	2.87	杭　州	2.82
10	武　汉	2.85	长　春	2.82
11	重　庆	2.84	成　都	2.80
12	昆　明	2.83	郑　州	2.80
13	长　春	2.81	上　海	2.78
14	贵　阳	2.74	武　汉	2.78
15	长　沙	2.73	沈　阳	2.78
16	太　原	2.72	西　安	2.78
17	合　肥	2.70	南　京	2.77
18	上　海	2.70	南　宁	2.77
19	青　岛	2.69	南　昌	2.76
20	西　宁	2.69	济　南	2.76
21	济　南	2.67	海　口	2.76

(续表)

排名	2017 年		2013 年	
22	乌鲁木齐	2.67	福 州	2.75
23	杭 州	2.66	青 岛	2.74
24	大 连	2.65	厦 门	2.73
25	石家庄	2.64	合 肥	2.73
26	广 州	2.64	长 沙	2.73
27	南 昌	2.64	太 原	2.72
28	西 安	2.64	深 圳	2.72
29	成 都	2.63	石家庄	2.72
30	深 圳	2.58	重 庆	2.69
31	郑 州	2.57	天 津	2.63
32	哈尔滨	2.54	贵 阳	2.63
33	呼和浩特	2.53	宁 波	2.61
34	宁 波	2.53	北 京	2.59
35	银 川	2.45		

（四）环保义工意识

对于环境志愿意识的第三个问题"环保义工意愿",35 个城市的总体状况要低于环保贡献意愿,但好于环保捐款意愿,总的平均分为 2.87 分。其中重庆城市居民的环保义工意愿最高,为 3.11 分,表示大部分民众愿意为环保工作做义工。紧随其后的是兰州(3.10)、北京(3.04)、长沙(3.03)、海口(3.00)、天津(2.99)、昆明(2.97)、成都(2.96)、厦门(2.96)及沈阳(2.95)。在排名前十位的城市中,有重庆、兰州、昆明、成都四个西部城市,长沙、海口两个中部城市,其余四个为东部地区的城市。而排在后十名的城市中,有深圳、广州、宁波、杭州四个东部城市,合肥、石家庄、南昌、呼和浩特四个中部地区的城市,乌鲁木齐、银川两个西部地区的城市。

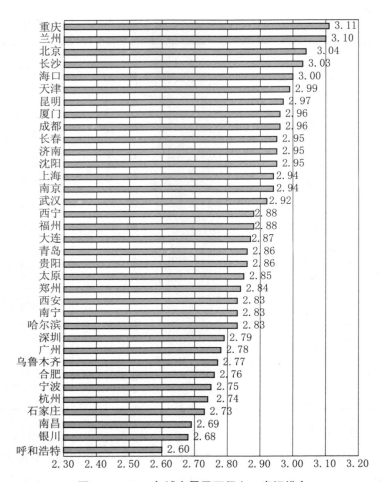

图4.13 2017年城市居民环保义工意识排名

将2017年与2013年两次调查结果进行对比，城市居民环保义工意识的平均得分大致相同，2013年的得分（2.89）略高于2017年的平均得分（2.88）。在2013年排名前十的城市中，只有沈阳和海口在2017年的调查中继续排名在前十位。而在2013年的调查中排名后十位的城市中，有广州、合肥、宁波、杭州四个城市在2017年的调查中排名仍然比较低。与环保捐款意识不同的是，虽然排名前十的环保义工城市变化较大，但是排在后面的城市变化不大。

表 4.7　2017 年与 2013 年度环保义工意识对比

排名	2017 年		2013 年	
1	重　庆	3.11	南　昌	2.96
2	兰　州	3.10	济　南	2.96
3	北　京	3.04	西　宁	2.95
4	长　沙	3.03	呼和浩特	2.94
5	海　口	3.00	太　原	2.94
6	天　津	2.99	武　汉	2.94
7	昆　明	2.97	沈　阳	2.94
8	成　都	2.96	郑　州	2.94
9	厦　门	2.96	南　京	2.93
10	沈　阳	2.95	海　口	2.93
11	济　南	2.95	昆　明	2.92
12	长　春	2.95	兰　州	2.91
13	南　京	2.94	成　都	2.91
14	上　海	2.94	哈尔滨	2.90
15	武　汉	2.92	银　川	2.90
16	福　州	2.88	西　安	2.89
17	西　宁	2.88	长　春	2.89
18	大　连	2.87	长　沙	2.89
19	贵　阳	2.86	南　宁	2.88
20	青　岛	2.86	贵　阳	2.88
21	太　原	2.85	重　庆	2.88
22	郑　州	2.84	青　岛	2.88
23	哈尔滨	2.83	深　圳	2.87
24	南　宁	2.83	石家庄	2.87
25	西　安	2.83	厦　门	2.86
26	深　圳	2.79	大　连	2.86
27	广　州	2.78	广　州	2.86

（续表）

排名	2017 年		2013 年	
28	乌鲁木齐	2.77	北　京	2.85
29	合　肥	2.76	上　海	2.85
30	宁　波	2.75	合　肥	2.85
31	杭　州	2.74	福　州	2.83
32	石家庄	2.73	宁　波	2.79
33	南　昌	2.69	杭　州	2.79
34	银　川	2.68	天　津	2.78
35	呼和浩特	2.60		

二、城市居民环保志愿意识影响因素分析

在了解了城市环保志愿意识整体排名以及分项排名之后，下面将分析受访者的个体特征因素对环保志愿意识的影响，目的是揭示，哪些因素影响了城市居民环保志愿意识的形成。问卷分别从性别、年龄、学历等三个方面来探究受访者的个体特征因素与环保志愿意识水平之间的关系。

（一）性别因素

首先是性别差异与环保志愿意识水平的相关性。从图 4.14 可以看出女性在环保志愿意识上的平均值（2.89）要略高于男性受访居民（2.78），对于三个分项问题，女性的环保贡献意愿（2.86）要低于男性，但是在环保捐款意识和环保义工意识上，女性都要高于男性。如果对性别与环保贡献意愿进行相关性检验，我们可以发现两者之间高度显著（斯皮尔曼双尾相关系数为 0.093，** $p < 0.01$），女性的环保志愿意识要显著高于男性。

（二）年龄因素

接下来我们对年龄与环保志愿意识之间的关系进行分析。首先是环保志愿意识的总体情况，从图 4.15 可以看出不同年龄段之间环

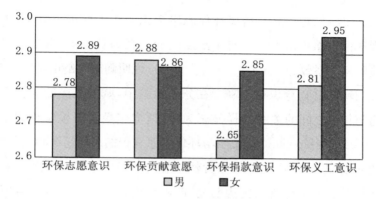

图 4.14 性别对环保志愿意识的影响

保志愿意识的平均分相差不多,最低的为 40—49 岁的受访居民
(2.80),最高的为 18—29 岁的受访居民(2.86)。在三个分项问题上,
环保贡献意愿最强的人群是 50—59 岁的受访者,最低的是 30—39 岁
的受访者,不同年龄段的城市居民的环保贡献意愿并没有呈现出明
显的规律。相比于环保贡献意愿,环保捐款意识则呈现出明显的年
龄规律,随着年龄的增加,城市居民的环保捐款意识逐渐降低,从
18—29 岁的 2.80 分下降到 60 岁以上人群的 2.61 分。而最后一个问
题环保义工意识,不同年龄段城市居民的意愿都很强烈,即使是意愿
最低的 50—59 岁年龄段的受访者也达到 2.86 分,而意愿最强烈的则
为 40—49 岁及 60 岁以上的人群,他们的平均分为 2.91 分。

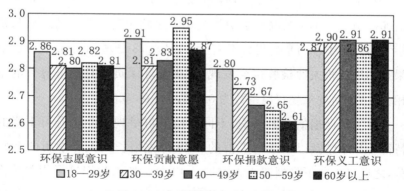

图 4.15 年龄对环保志愿意识的影响

如果我们对年龄与居民环保志愿意识的相关性进行分析,可以发现环保志愿意识平均分与年龄之间的关系为负相关(斯皮尔曼双尾检验相关系数为-0.059, $**$ $p<0.01$),说明随着年龄的增加,城市居民的环保自觉意识在下降。在分项检验中,城市居民的环保贡献意愿与年龄之间的关系同样显著为负(斯皮尔曼双尾检验相关系数为-0.048, $**$ $p<0.01$),说明与环保志愿意识的总体情况相同,随着年龄的增加,城市居民的环保贡献意愿在下降。这种负相关关系在环保捐款意愿上体现得尤为明显,两者的相关系数为负且绝对值最大(斯皮尔曼双尾检验系数为-0.075, $**$ $p<0.01$),而在最后一项环保义工意愿上,年龄与之并没有显著的相关性。有关年龄与环保志愿之间的关系,尤其是如何解释这种负相关关系,值得进一步深究。

（三）学历因素

第三部分我们分析不同学历人群环保志愿意识的情况,我们发现对于环保志愿意识的平均情况,除博士学位的人群外,基本上随着学历的升高,其环保志愿意识也不断加强,从小学及以下学历的2.66分上升到硕士学历的2.96分,由于博士受访人群的比例较低,可能造成一些信度的下降。斯皮尔曼双尾相关系数检验结果也证实了学历与环保志愿意识之间的正相关关系(相关系数为0.11, $**$ $p<0.01$)。

对于第一个分项问题,环保贡献意愿其学历的规律性不如平均值那样明显。小学及以下学历的受访者平均分为2.85分,之后从初中学历到硕士学历平均得分不断上升,从2.78分增加到3.08分。如果我们进行相关性检验也会发现,学历与环保贡献意愿呈显著的正相关关系(斯皮尔曼双尾系数为0.095, $**$ $p<0.01$)。

对于环保捐款意愿来说,不同学历人群呈现出先上升再下降的特征。从小学及以下学历人群的2.48分先增长到大专学历的2.83分,之后又不断下降到博士人群的2.43分。如果我们进行相关性检验会发现,虽然学历与环保捐款意愿仍然呈显著的正相关关系,但这种相关性要明显低于综合的环保志愿意识及环保贡献意愿(斯皮尔曼双尾系数为 0.06,** p<0.01)。

与环保志愿意识的情况相似,除博士学历的受访者之外,城市居民随着学历的上升其环保义工意识也不断加强,从小学及以下人群的 2.66 分,增加到硕士学位人群的 3.11 分,并且硕士学位人群在环保意识的三个问题中对于环保义工的意愿是最为强烈的。相关性检验也证实了这一观察,学历与环保义工意识的正相关关系最为强烈,其系数高于上面三个相关性检验的系数(斯皮尔曼双尾系数为0.102,** p<0.102)。从总体上看,无论是环保志愿意识平均得分还是三个分项得分,学历与环保意识的关系都呈现正相关关系,学历越高,城市受访居民的环保志愿意识也越强烈,这也说明了教育对普通民众环保观念的正面塑造作用。

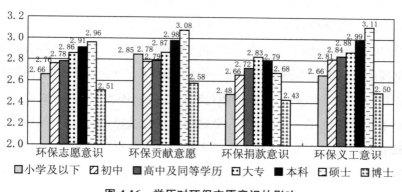

图 4.16 学历对环保志愿意识的影响

第三节 环保公民意识

环保公民意识主要涉及环保私人领域与公共领域之间关系的处理问题,集中体现在公民愿意为了维护公共利益而接受法规制度对私人生活的渗透和规制的意愿。烟花禁燃政策,集中反映了中国民众私人领域的传统节日习俗与国家环境保护政策之间的矛盾。与烟花禁燃政策类似,汽车限号政策也反映了城市居民以私家车为主的日常出行方式与国家大气污染防治之间的冲突。权利意识与义务意识是环保公民意识的内核,烟花禁燃政策与汽车限号政策主要反映民众被动接受地方政府规制居民日常生活方式的意愿,而对于政府额外资金使用用途的期待与选择意愿则在一定程度上反映了居民在环保公共领域的权利意识。

本节的主要内容包括:首先,公布各个城市环保公民意识的综合排名和分项排名。其次,分析受访者的个体特征对公众环保公民意识的影响。

一、城市环保公民意识综合排名和分项排名

为了了解各个城市市民的环保公民意识,本书的研究设立了三个问题"为了防止空气污染,中国政府春节期间应该禁止放鞭炮和焰火。您同意这种做法吗?""为了环保,您支持政府实行汽车限号吗?""如果您所在的城市的政府突然有一笔额外的收入,您希望政府将这笔钱用在以下什么方面?"。第一个问题和第二个问题都请受访者从非常同意(非常支持)、基本同意(支持)、一般、不太同意(不太支持)、根本不同意(非常不支持)等5个选项中进行选择,将这5个选项分别赋值为5、4、3、2、1。由于第一个问题原本没有"一般"这个选项,而相比第二个问题多了"不知道"这个选项,所以将"不知道"替换为"一般",在3 924个样本中,在第一个问题选择回答"不知道"的只有7个样本,占总样本的0.18%,对于整体的统计分析可以造成的影响忽略不计。第三个问题,共有4个选项,"多建廉租房""改善医疗条件""发展经济""治理环境污染"。三个问题中,第一个问题测量城市居民对于烟花禁燃政策的态度,第二个问题测量城市居民对于汽车限号政策的态度,第三个问题主要涉及居民对政府额外资金使用用途的期待与选择意愿。由于第三个问题的选项设计,与其他题目存在较大差别,因而本文以前两个变量的平均值作为一个城市居民环保公民意识水平的综合得分。

（一）环保公民意识综合排名

表4.8展示了35个被调查城市烟花禁燃政策支持度、汽车限号政策支持度以及经过两个问题综合处理后的环保公民意识排名。在环保公民意识的排名中，成都排名第一，得分为4.12分。排名前十的城市中，紧随其后的分别为昆明（4.08）、兰州（4.04）、济南（4.04）、上海（4.00）、哈尔滨（3.97）、贵阳（3.97）、合肥（3.96）、石家庄（3.95）、天津（3.93）。排名后十位的城市中，包括深圳、武汉、南昌、杭州、西安、太原、西宁、北京、呼和浩特、银川。

通过表4.8可以看出，在环保公民意识综合排名前十名的城市中，成都、昆明、济南、哈尔滨等4座城市在烟花禁燃政策支持度、汽车限号政策支持度上也都在前十。其中，成都、昆明在三项排名中都排在前五名。此外，在环保公民意识综合排名后十名的城市中，只有太原、呼和浩特、银川三座城市在三项排名中都排在后十名。其中，上海与兰州城市居民在烟花禁燃政策支持度上的差异，说明了东西部地区在对于传统习俗与环境保护之间的关系认知方面的差异。在汽车限号政策支持度方面，北上广深四大一线城市都位于最后十名，说明一线城市居民的便捷生活非常依赖于私家车，汽车限号实行多年以来可能并未改变居民对于交通拥堵的主观感知，进而影响到他们对于汽车限号政策的支持度。

从环保公民意识综合排名来看，排名前十位的城市中，成都、昆明、兰州、贵阳四座城市是西部城市，济南、上海、哈尔滨、石家庄、天津五座城市是东部城市，只有合肥属于中部地区。而在排名后十位的城市中，有西安、西宁、呼和浩特、银川四座城市是西部城市，武汉、南昌、太原等3座中部城市，深圳、北京、杭州三座东部城市。

此外，根据表4.9，2017年有50.20％的城市居民希望将城市政府的额外收入用于治理环境污染，2013年则有54.37％的城市居民优先选择治理环境污染，这说明有一半以上的城市居民愿意为了环保，而暂时压制其他方面对于城市公共资金的使用。

表4.8 2017年城市居民环保公民意识综合排名

排名	环保公民意识		烟花禁燃政策支持度		汽车限号政策支持度	
1	成 都	4.12	上 海	4.38	兰 州	4.21
2	昆 明	4.08	济 南	4.22	成 都	4.10
3	兰 州	4.04	昆 明	4.17	昆 明	3.98
4	济 南	4.04	成 都	4.14	石家庄	3.95
5	上 海	4.00	长 沙	4.06	贵 阳	3.94
6	哈尔滨	3.97	海 口	4.06	合 肥	3.91
7	贵 阳	3.97	大 连	4.05	厦 门	3.89
8	合 肥	3.96	哈尔滨	4.05	哈尔滨	3.89
9	石家庄	3.95	福 州	4.05	济 南	3.86
10	天 津	3.93	宁 波	4.02	天 津	3.84
11	长 沙	3.92	天 津	4.01	重 庆	3.83
12	重 庆	3.91	合 肥	4.00	郑 州	3.82
13	大 连	3.91	重 庆	3.99	长 沙	3.78
14	宁 波	3.89	贵 阳	3.99	南 昌	3.78
15	福 州	3.87	青 岛	3.97	南 京	3.78
16	南 宁	3.85	乌鲁木齐	3.95	南 宁	3.78
17	乌鲁木齐	3.85	石家庄	3.95	大 连	3.76
18	青 岛	3.84	太 原	3.94	长 春	3.76
19	厦 门	3.83	南 宁	3.92	杭 州	3.75
20	长 春	3.83	北 京	3.90	宁 波	3.75
21	海 口	3.82	广 州	3.90	乌鲁木齐	3.75
22	南 京	3.82	长 春	3.90	沈 阳	3.73
23	郑 州	3.81	武 汉	3.88	福 州	3.70
24	沈 阳	3.80	西 宁	3.88	青 岛	3.70
25	广 州	3.78	深 圳	3.88	西 安	3.70
26	深 圳	3.78	沈 阳	3.87	深 圳	3.68

（续表）

排名	环保公民意识		烟花禁燃政策支持度		汽车限号政策支持度	
27	武　汉	3.78	兰　州	3.87	武　汉	3.67
28	南　昌	3.75	南　京	3.87	广　州	3.66
29	杭　州	3.75	呼和浩特	3.81	上　海	3.62
30	西　安	3.74	郑　州	3.80	西　宁	3.59
31	太　原	3.74	银　川	3.79	海　口	3.59
32	西　宁	3.74	西　安	3.78	呼和浩特	3.58
33	北　京	3.73	厦　门	3.77	北　京	3.56
34	呼和浩特	3.70	杭　州	3.75	太　原	3.54
35	银　川	3.62	南　昌	3.72	银　川	3.44

表4.9　2017年与2013年度城市居民对政府额外资金用途选择对比

政府额外资金用途	2017年	2013年
多建廉租房	5.28%	9.82%
改善医疗条件	32.82%	30.47%
发展经济	11.70%	5.35%
治理环境污染	50.20%	54.37%

（二）烟花禁燃政策支持度排名

总体而言，被调查城市的居民对于烟花禁燃政策的支持度还是非常强的，均值为3.95，标准差为1.218，具体的分布情况见图4.17。其中，回答"非常同意"的城市居民占39.55%，回答"基本同意"的占41.18%，这表示有80.73%的城市居民支持政府的烟花禁燃政策。而在2013年的调查中，回答"非常同意"以及"基本同意"的占34%，而选择"一般"的占51.2%。此外，在2015年的调查中，以1—10分进行测量，分数越高代表支持度越高，6分及以上分数所占的比例为77.86%，8分及以上分数所占的比例为62.71%，其中代表同意程度最高的选项"10分"所占比例为41.49%。这说明随着时代的发展，大部分城市居民对于长期以来放鞭炮焰火的传统已经不再坚持，并且在支持政府烟花禁燃政策方面的意愿非常强烈，公民对于传统习俗与环境保护之间的和谐关系已经有了较高程度的认识。

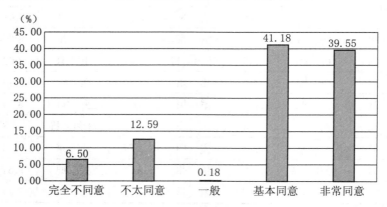

图 4.17　烟花禁燃政策支持度得分分布

　　按照各城市受访市民的得分，将 35 个城市进行排名（见图 4.18），对于烟花禁燃政策支持度最高的是上海，得分高达 4.38 分。紧随其后的是济南（4.22）、昆明（4.17）、成都（4.14）、长沙（4.06）、海口（4.06）、大连（4.05）、哈尔滨（4.05）、福州（4.05）、宁波（4.02）。在烟花禁燃政策支持度前十名的城市中，上海、济南、昆明、成都的领先优势十分明显，其他城市得分分布相对均匀、差距不大。其中，上海、济南、海口、大连、哈尔滨、福州、宁波七座城市属于东部城市，只有昆明、成都、长沙三座城市属于中西部城市。这说明相对于中西部地区，东部经济发达地区城市居民已经转变烟花燃放的传统，使其与城市大气污染治理、生活安全保障的需求相协调。

　　根据表 4.10，我们将 2017 年与 2013 年烟花禁燃政策支持度城市排名进行对比。这里要特别说明的是，由于 2017 年的调查中采用的是四分值标准，而 2013 年的调查中采用的是五分值的标准，所以就得分而言不能直接进行比较，但不同城市排名情况可以进行说明。其中，在 2013 年度排名前十名的城市中，上海、宁波、哈尔滨三座城市在 2017 年度依然保持了前十名的位置。而在 2013 年度后十名的城市中，只有厦门、杭州依然在 2017 年度排在后十名，昆明、长沙、海口、重庆、福州等城市均实现了一定程度的名次提升。

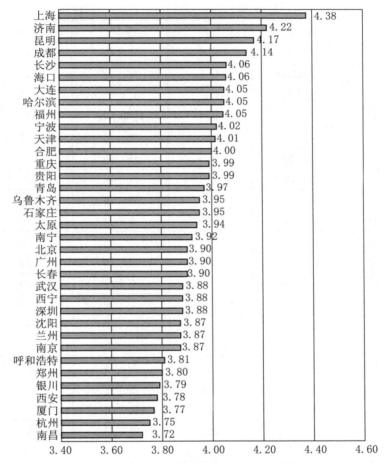

图 4.18 2017 年城市居民烟花禁燃政策支持度排名

表 4.10 2017 年与 2013 年度烟花禁燃政策支持度对比

排名	2017 年		2013 年	
1	上　海	4.38	哈尔滨	2.85
2	济　南	4.22	天　津	2.84
3	昆　明	4.17	长　春	2.78
4	成　都	4.14	合　肥	2.77
5	长　沙	4.06	郑　州	2.75

（续表）

排名	2017 年		2013 年	
6	海 口	4.06	西 宁	2.74
7	大 连	4.05	上 海	2.73
8	哈尔滨	4.05	宁 波	2.73
9	福 州	4.05	广 州	2.71
10	宁 波	4.02	呼和浩特	2.71
11	天 津	4.01	南 昌	2.71
12	合 肥	4.00	济 南	2.71
13	重 庆	3.99	沈 阳	2.70
14	贵 阳	3.99	青 岛	2.70
15	青 岛	3.97	南 京	2.70
16	乌鲁木齐	3.95	兰 州	2.70
17	石家庄	3.95	成 都	2.70
18	太 原	3.94	石家庄	2.70
19	南 宁	3.92	大 连	2.65
20	北 京	3.90	武 汉	2.63
21	广 州	3.90	南 宁	2.61
22	长 春	3.90	深 圳	2.59
23	武 汉	3.88	西 安	2.59
24	西 宁	3.88	银 川	2.59
25	深 圳	3.88	贵 阳	2.57
26	沈 阳	3.87	厦 门	2.56
27	兰 州	3.87	福 州	2.55
28	南 京	3.87	杭 州	2.55
29	呼和浩特	3.81	昆 明	2.51
30	郑 州	3.80	北 京	2.51
31	银 川	3.79	长 沙	2.49
32	西 安	3.78	太 原	2.45
33	厦 门	3.77	海 口	2.45
34	杭 州	3.75	重 庆	2.43
35	南 昌	3.72		

(三) 汽车限号政策支持度排名

35 个被调查城市的居民对于汽车限号政策的支持度是比较强的,略低于对于烟花禁燃政策的支持度,平均分为3.76,标准差为1.054,具体的分布情况见图 4.19。其中,回答"非常支持"的占24.11%,选择"比较支持"的占 45.67%,也就是有 69.78% 的人支持政府的汽车限号政策。选择"非常不支持"以及"不太支持"的民众只占12.56%,其中选择"非常不支持"的只占 4.94%,这说明受访者对于汽车限号政策的反对意愿并不是很强烈。

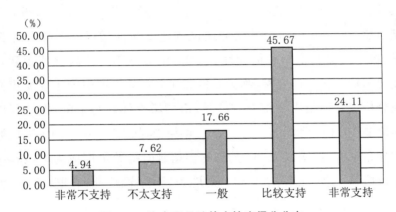

图 4.19　汽车限号政策支持度得分分布

按照各城市受访市民的得分,将 35 个城市进行排名(见图 4.20),对于汽车限号政策支持度最高的是兰州,得分高达 4.21 分。其次为成都,得分为 4.10 分。紧随其后的分别为昆明(3.98)、石家庄(3.95)、贵阳(3.94)、合肥(3.91)、厦门(3.89)、哈尔滨(3.89)、济南(3.86)、天津(3.84)。排名后十名的城市,包括北上广深四大一线城市,以及武汉、西宁、海口、呼和浩特、太原、银川六个中西部城市。在排名前十位的城市中,兰州、成都、昆明、贵阳四个城市属于西部城市,石家庄、厦门、哈尔滨、济南、天津五个城市属于东部城市。

2016 年《中共中央、国务院关于进一步加强城市规划建设管理工作的若干意见》指出:"要优先发展公共交通。以提高公共交通分担率为突破口,缓解城市交通压力。统筹公共汽车、轻轨、地铁等多种类型公共交通协调发展,到 2020 年,超大、特大城市公共交通分担率达到 40％以上,大城市达到 30％以上,中小城市达到 20％以上。"随着经济的快速发展,人民生活水平日益提高,对于出行质量的要求也越来越高。根据 2017 年数据显示,中国汽车销量连续九年居全球第一。根据 2018 年公安部交通管理局数据,截至 2017 年底,全国机动车保有量达 3.10 亿辆,全国有 53 个城市的汽车保有量超过百万辆,24 个城市超 200 万辆,北京、成都、重庆、上海、苏州、深圳、郑州七个城市超 300 万辆。但公共交通建设的速度却远远跟不上机动车销量、机动车保有量增长的速度。2018 年 1 月 18 日,高德地图联合交通运输部科学研究院、阿里云发布了《2017 年度中国主要城市交通分析报告》,指出 2017 年全国城市拥堵整体趋势下降,拥堵程度同比 2016 年下降 2.45％,与 2015 年相当,从 2017 年中国十大堵城的分布来看,济南以 2.067 的高峰拥堵延时指数再度成为中国堵城排行榜第一名,北京、哈尔滨、重庆、呼和浩特、广州、合肥、上海、大连、长春跻身前十。

根据图 4.20,在汽车限号政策支持度排名中,兰州和成都分列第一名和第二名。然而,对于汽车限号政策的支持度越高,并不意味着该城市的客观拥堵程度更高,更可能与城市居民对于交通拥堵的主观体验有很大的关联。根据《2017 年度中国主要城市交通分析报告》,兰州交通拥堵排名大幅下降,2017 年兰州位于城市高峰拥堵排名的第 43 位,较 2016 年的第 18 位下降了 25 个位次,成都作为传统堵城、也跌出前十、位于 21 名。虽然客观上在交通拥堵方面,兰州和成都确实出现了一定程度的下降,但成都、兰州市民对于交通拥堵程度的主观感知可能并未得到大幅度改善,这应该是兰州、成都市民坚定支持汽车限号政策的主要原因。

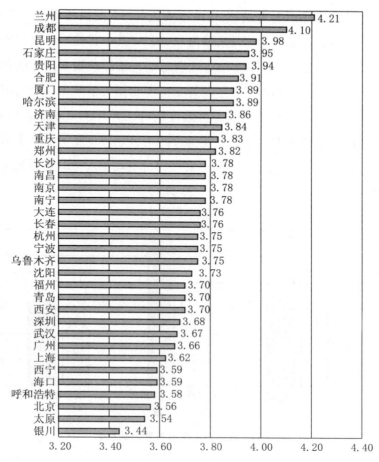

图 4.20 2017 年城市居民汽车限号政策支持度排名

二、环保公民意识影响因素分析

不同个体特征的公众在环保公民意识上的表现会有所不同,分析调查者个体特征因素对环保公民意识的影响,有助于政府部门更有针对性的针对不同群体采取不同的宣传措施,有助于为改善环境治理提出更有针对性的意见和建议。

(一)性别因素

比较性别因素对环保公民意识的影响,我们可以发现女性比男性在环保公民意识上更强,女性的平均值(3.93)要高于男性(3.79)。
性别与环保公民意识的相关系数为 0.054**(其中男性＝1,女性＝2,
双尾检验显著度：** p＜0.01)。性别与烟花禁燃政策支持度的相关
系数为 0.030,性别与汽车限号政策支持度的相关系数为 0.020,但性
别与二者并不呈现显著相关。虽然性别与二者并不呈现显著相关,
但在烟花禁燃政策支持度上女性得分的均值(4.03)要明显高于男性
(3.87),在汽车限号政策支持度上女性得分的均值(3.82)要明显高于
男性(3.71)。

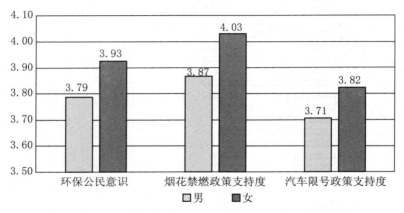

图 4.21　性别对环保公民意识的影响

（二）年龄因素

考察年龄因素对环保公民意识的影响发现,受访者的年龄跟环
保公民意识呈现正相关,即年龄越大、环保公民意识越强。年龄与环
保公民意识的相关系数是 0.059**(双尾检验显著度：** p＜0.01)。
年龄与烟花禁燃政策支持度的相关系数是 0.123**(双尾检验显著度：
** p＜0.01)。年龄与汽车限号政策支持度的相关系数是 0.007,在
40—49 岁之前,随着年龄的增长,对于汽车限号政策支持度不断降
低,但在 40—49 岁之后,随着年龄的增长,对于汽车限号政策的支持
度却不断提高。

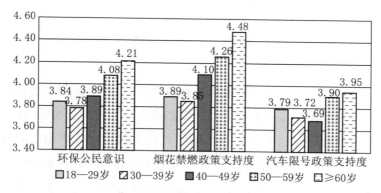

图 4.22　年龄对环保公民意识的影响

（三）学历因素

第三部分我们分析不同学历人群环保公民意识的情况。受访者的学历与环保公民意识的相关系数是 0.006,学历与烟花禁燃政策支持度的相关系数是 0.019,学历与汽车限号政策支持度的相关系数是 —0.023,也就是学历因素与环保公民意识、烟花禁燃政策支持度、汽车限号政策支持度的相关性很弱,均未呈现显著相关的关系。从图 4.23 中可以看到,随着学历的增长,环保公民意识与汽车限号政策支持度呈现不规律变动。此外,随着学历的增长,对烟花禁燃政策的支持度一直在增长,但到了博士学历烟花禁燃政策支持度出现明显下滑,应该是由于博士群体样本有限而导致的偏差。

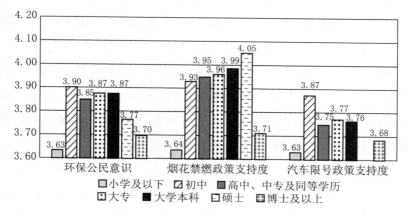

图 4.23　学历对环保公民意识的影响

第四节 小 结

综合来看,我国城市居民的环保自觉意识、志愿意识和公民意识普遍比较高,但是不同城市之间的差距较大。值得注意的是,与2013年的调查结果相比,本次调查结果从总体上看同样体现出了明显的地域分布特征。东部城市如上海、济南、天津在三项环保意识测评中都名列前茅,这说明东部经济发达地区的城市居民已经意识到环境问题的紧迫性,能够自觉的注意哪些行为会危害环境,哪些行为有助于改善环境状况。

但是不同区域城市内部也有着不小的差异,东部经济较发达的城市类似于深圳则在环保意识上表现不佳。中西部城市如兰州、昆明、长沙、重庆、成都、合肥在环保意识测评中名列前茅,但是南昌、银川、呼和浩特、乌鲁木齐则位列后十名,城市居民的环保意识较低。

受访者的性别、年龄、学历以及其政治兴趣与幸福感都与其环保意识有关但表现各不相同。在性别方面女性与男性的环境意识差距显著,在环保自觉意识、环保志愿意识与环保公民意识三项测评中女性都显著高于男性,这项结果与2013年、2015年的调查结果相一致;年龄这个因素则比性别因素要复杂,在环保自觉是与环保公民意识上,年龄与该两项环保意识呈正相关,即年龄越大的受访居民其环保自觉与公民意识越强,但是年龄却与环保志愿意识呈负相关,即年龄越大的受访居民其环保志愿意识越弱,其原因可能是年龄较大的群体对于志愿服务这种较新的价值观念比较陌生,所以其志愿意识也比较弱,为此政府可以加大对环保志愿意识,尤其是加大对中老年群体的宣传力度,以提高他们的志愿意识。

除此之外,学历这个因素与各项环保意识呈正相关,这个结果与2013年及2015年的两次调查结果基本相同,即学历越高的城市居民其环境意识越强,但是学历与环保自觉意识与环保志愿意识的相关性较强,而与环保公民意识的相关性较弱。并且,学历这个变量在某些具体问题上的表现更为复杂,例如在禁燃政策上学历越高的居民越支持,但是在汽车限号政策上学历越高的居民反而越反对,这其中可能的原因在于通常情况下人群的学历与收入状况呈正相关,即通常学历较高的也是收入较高的群体,这部分人群通常拥有私家车,所以对汽车限号政策比较排斥。因此,对于汽车限号政策的宣传应该更侧重于高学历人群。

最后,对于居民的政治兴趣(本章中指对国家大事的关注程度)以及幸福感来说,其结论是一致的,无论是环保自觉意识、志愿意识还是公民意识,政治兴趣以及幸福感都与之呈正相关,即对国家大事越关注、自身幸福感越高的人群其环保意识越强。因此,为了提高城市居民的环保意识,政府有关部门也应该想办法提高居民对国家大事的关注程度及幸福感。

第五章　政府环境治理公众评价

政府环境治理的公众评价,是衡量政府环境治理效果的重要标准之一,对政府环境治理的公众评价进行研究也具有较为重要的意义,本章将围绕这一主题进行论述和分析。本章关于城市居民对地方政府环境治理评价的调查主要从三个方面展开,分别是政府环境治理综合评价调查、地方环境治理信息公开评价调查以及城市居民对中央政府和地方政府治理环境的信心调查。

第一节主要是关于城市居民对政府环境治理综合评价。本节基于调查分析了 2013 年到 2017 年中国城市居民对政府环境治理的满意度变迁情况,分析了影响城市居民对政府环境治理的满意度的微观因素,本章也梳理了近年来我国政府对于环境保护方面的相关政策,进而分析了影响城市居民对政府环境治理的满意度的宏观因素。

第二节主要是政府环境信息的公开程度评价。政府环境信息,是指环保部门在履行环境保护职责中制作或者获取的,以一定形式记录、保存的信息。2007 年 2 月 8 日,《环境信息公开办法(试行)》经国家环境保护总局 2007 年第一次局务会议通过,该办法于 2008 年 5 月 1 日起施行,对环境信息公开的范围、内容和流程进行了规定。2013 年,国务院总理李克强也在国务院廉政工作会议上指出:"要及时主动公开涉及群众切身利益的环境污染、食品药品安全、安全生产等信息,向人民群众说真话、交实底。"经过近些年的努力,我国政府环境信息公开已经取得了一定的进展，本节将根据对 35 座城市的调研结果，评估城市居民对政府环境信息公开的满意程度，同时分析城市居民对政府环境公开的影响因素，最后对基于政务媒体的环境信息公开进行研究。

第三节主要是关于城市居民对中央和地方政府环境治理的信心状况的分析。任何市场经济都会存在市场失灵的问题，环境污染也是市场失灵一个较为典型的体现。具体来说，如果没有政府的干预，商家出于利益最大化的考虑，会选择将未经处理的污水和废气直接排放，会过度消耗自然资源，而全体社会成员却必须共同承担由此带来的负面影响：雾霾严重；水资源污染严重，水中重金属、抗生素超标；土地荒漠化加剧……所有的这些问题，都需要政府的管制和干预。我国作为后发展国家，面临着更大的环境保护和治理压力，因此更需要我国政府进行合理有效的政府管制，出台更具合理性、前瞻性和持续性的环保政策。而政府环境治理的效果与居民对政府环境治理信心则是相辅相成的。一方面，政府在环境治理方面如果取得了卓有实效的成果，那会有效提升居民对政府环境治理的信心，因此在很多地方的政府环境治理绩效考核中，也把居民的评价和信心纳入考核的重要组成部分。另一方面，政府环境治理的效果也受到居民对政府环境治理信心的影响。如果居民对政府环境治理充满信心，积极配合参与政府治理环境污染，那么政府的政策能够广纳民意而更加具备科学性，同时环境治理政策的执行落实也可以因为民众的支持而更加高效。因此，高效的环境治理与居民对政府环境治理的良好信心很容易形成一个良性提升，低效的环境治理与居民对政府环境治理信心不足则很容易形成一个恶性循环，因此，测评居民对政府环境治理的信心显得十分必要。本节将以 2013 年、2015 年和 2017 年三年的调研结果为依托，研究我国城市居民对中央和地方政府环境治理的信心状况以及信心变迁，并研究居民的个体特征对于中央和地方政府环境治理信心的影响。

第一节 城市居民对政府环境治理综合评价的调查分析

一、城市居民对政府环境污染治理满意度调查结果分析

2017 年中国城市居民环保意识调查问卷通过设置"您对您所在城市政府在治理环境污染方面的表现打几分"这一题，了解全国各地城市居民对当地政府环境污染治理的满意程度，分数越高表示居民满意度越高。这道题在 2013 年和 2015 年的问卷中同样出现过。从连续三次数据对比来看，居民对政府治理环境污染的满意度整体有显著提高。

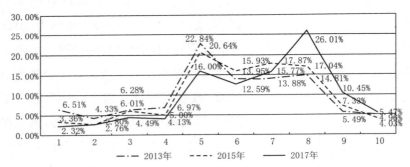

图 5.1 城市居民对政府环境污染治理满意度年度比较（2013—2017 年）

根据历年调查统计数据绘制图 5.1，可以形象直观地感受到，2013 年和 2015 年的频率最高的都是 5 分，分别是 22.84% 和 20.64%，到了 2017 年，公众明显感受到政府治理环境的决心，并且充分肯定了已经采取的各项有力举措，打分集中在 8 分，甚至有超过 15% 的公众认为他们当地政府环境治理的措施可以给出 9 分以上的成绩。应该说，这是公众对近年来政府对生态环保高度重视的积极肯定。

根据表 5.1 可知，在 2017 年的调查结果中，城市治理满意度最大值是 7.37（南宁），最小值是 5.64（合肥），均值为 6.52，标准差是 2.21。和 2015 年的数据相比，均值（6.13）有所提高，而差距（2.09）也有所拉

大。南宁(7.37)、沈阳(7.31)、南京(7.28)、武汉(7.26)和北京(7.21)
这五个城市居民对地方政府环境污染治理的努力和效果给了较高
认可,排名领先,而合肥(5.64)、银川(5.68)、广州(5.70)、大连(5.81)
和石家庄(5.82)在 35 个城市中就处于相对比较靠后的位置。在这些
城市中,南宁是唯一连续两次调查都排名前五位的城市,而厦门自
2013 年和 2015 年连续两次蝉联第一位后,在本次调查中排名有了略
微下降,但也处于正常范围之中。对比 2015 年和 2017 年的城市环境
污染治理满意度情况,沈阳、北京、武汉、长春、昆明、天津、重庆等地
上升幅度比较明显,银川、合肥、杭州、大连、乌鲁木齐、西宁和深圳等
地则后退比较严重,整体来看青岛、西安、上海、太原、呼和浩特、哈尔
滨、成都上下浮动不明显。

　　在 2013 年到 2017 年的三次调查中,连续两次排名都是上升的城
市有南宁、武汉、北京、天津,两次共上升名次分别是 22、24、29 和
20,公众对当地政府环境污染治理满意度持续下降的城市有济南、上
海、贵阳、西宁、太原、西安。除此之外,两次公众满意度变化浮动较
大的城市有南昌、合肥、沈阳、银川,上下变化不大的则是青岛、西安、
呼和浩特和成都。

表 5.1　2015 年和 2017 年城市政府环境污染治理满意度排名比较

城　市	2017 年		2015 年		城　市	2017 年		2015 年	
	均值	排名	均值	排名		均值	排名	均值	排名
南　宁	7.37	1	6.55	5	上　海	6.35	19	6.05	17
沈　阳	7.31	2	5.42	35	贵　阳	6.27	20	6.24	13
南　京	7.28	3	6.40	9	乌鲁木齐	6.27	21	6.59	4
武　汉	7.26	4	5.87	27	南　昌	6.21	22	5.72	32
北　京	7.21	5	5.82	29	杭　州	6.09	23	6.71	3
天　津	7.10	6	6.00	21	西　宁	6.09	24	6.34	12
长　春	7.09	7	5.87	28	太　原	6.04	25	5.95	23

（续表）

城　市	2017 年		2015 年		城　　市	2017 年		2015 年	
	均值	排名	均值	排名		均值	排名	均值	排名
厦　门	7.08	8	7.12	1	西　安	5.94	26	5.93	25
昆　明	7.07	9	5.89	26	郑　州	5.93	27	5.60	33
海　口	6.94	10	6.02	19	哈尔滨	5.92	28	5.77	30
重　庆	6.90	11	5.97	22	深　圳	5.88	29	6.04	18
福　州	6.82	12	6.14	16	呼和浩特	5.82	30	5.76	31
兰　州	6.63	13	6.50	8	石家庄	5.82	31	5.46	34
宁　波	6.50	14	6.52	7	大　连	5.81	32	6.23	14
青　岛	6.47	15	6.21	15	广　州	5.70	33	5.93	24
长　沙	6.46	16	6.53	6	银　川	5.68	34	6.80	2
济　南	6.38	17	6.36	10	合　肥	5.64	35	6.35	11
成　都	6.36	18	6.01	20					

同时,不同的城市对于政府环境污染治理的满意程度也不尽相同,从图 5.2 中可以发现,北上广深一线城市居民对于政府环境污染治理的满意程度平均分为 6.37,较之其他城市 6.54 的均分较低,说明北上广深一线城市居民对于政府环境污染治理的满意程度较低,这可能是由于一线城市居民对环保的要求较高而造成的。

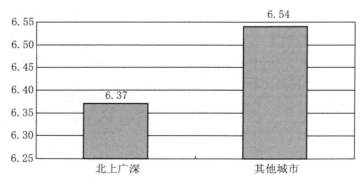

图 5.2　不同城市群居民对政府环境污染治理满意度平均分

二、城市居民对政府环境污染治理满意度微观影响因素

民意调查是基于居民个体的主观感受开展的研究,因此,通常来说,个体间身份属性的差异是影响研究因变量的重要微观因素。在2017年的调查中,主要从公民个体的性别、年龄、受教育程度三个方面了解身份特征对公民对政府治理环境污染满意度的影响。根据对调查数据进行单因素方差分析,性别、年龄和受教育程度对公众的环境治理认可度都通过了显著性检验,具有统计学意义。

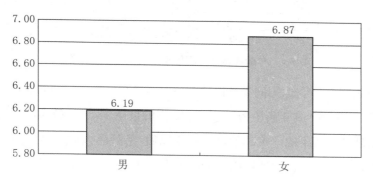

图 5.3　性别与城市环境污染治理满意度的关系

第二次世界大战后,国际上越来越多的女性开始活跃在各行各业。20 世纪 60 年代,美国人卡尔逊的《寂静的春天》成为生态女性主义的开山著作,启发人们从社会性别的视角看待生态环境问题。虽然在我国的文化传统中存在着自然本源的女性化思想,但女性在生态环境实践中的缺席,和她们在其他公共事务中的地位一样,基本处于无权状态。[1]或许正是这种相对弱势的状态,让中国女性群体对生态环境的总体要求比较低。在过去的两次调查中,虽然性别对个体的环境治理满意度没有显著影响,结果都是女性总体满意度均值要高于男性。[2]2017 年的调查则显示,女性对当地政府治理环境的整体

---

[1]　吴励生:《女权主义视角与理论、实证、行动的三重变奏——评胡玉坤新著〈社会性别与生态文明〉》,《社会科学论坛》2016 年第 12 期。

[2]　2013 年,男性的环境治理满意度均值为 6.73,女性的是 6.77;2015 年,男性和女性的统计数据分别是 6.12 和 6.15。

评价远高于男性,前者均值是 6.87,后者仅有 6.19,且存在统计学的显著意义。

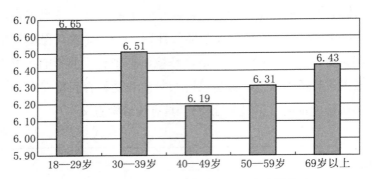

图 5.4　年龄与城市环境污染治理满意度的关系

由图 5.4 可知,不同年龄段的群体对当地政府环境治理的评价比较复杂。以 40—49 年龄段为界,小于 40 岁的群体中,年龄越大对当地政府治理环境污染的评价越低,而 50 岁以后,年龄越大的人越倾向于肯定和认可地方政府治理环境污染的努力。40 岁到 49 岁之间的人群普遍认为政府治理环境还存在很多有待改进的地方。和 2013 年、2015 年相比,年龄始终是造成人们对政府治理环境满意度差异的重要因素,且统计显著性都很高。但在前两次的调查中,年龄与满意度简单呈现出正相关关系,而在 2017 年的调查中,发生最大变化的是在 18 岁到 29 岁之间的群体明显感受到了政府加大环境整治的力度,并给予了积极认可。

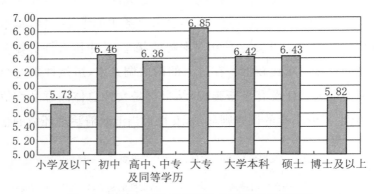

图 5.5　学历与城市环境污染治理满意度的关系

由图 5.5 可知,人口学特征中的学历与污染治理满意度之间也是比较复杂的关系。基本上可以以大专学历为界,大专学历以下的人群,接受教育程度越高对环境治理越满意,而最高学历是本科、硕士和博士及以上的群体对当地环境治理效果的评价也呈现递减的趋势。和往年相比,2017 年统计数据的结果呈现出有意思的现象是,不同学历人群的环境治理满意度均值的分布更接近于当前中国社会受教育的人口分布情况。进一步可以推测的是,成年群体中,受教育程度处于极端位置的人,更倾向于给出相对激烈且鲜明的主观判断。

三、城市居民对政府环境污染治理满意度宏观影响因素

(一)政府环境污染治理的经济投入分析

环境污染治理的满意度水平逐年提升,是对全国各地近年狠抓生态文明建设的客观反映。尤其随着中央治理环境污染的压力增大,以及地方民众环境保护意识的增强[①],地方政府对于发展绿色 GDP 时代要求已经形成了统一共识,在调整产业结构、落实中央政策、加强监督机制、增加环保投入、创新环保制度等方面都做出了不同程度的努力。

根据国家统计局数据显示,2013 年到 2015 年间环境污染治理投资总额保持在 8 800 亿元以上,占国内生产总值比重约 1.5% 左右。2015 年,全国 GDP 比 2014 年增加 6.9%,环境污染治理投资总额是 8 806.3 亿元,占国内生产总值的 1.3%,占全社会固定资产投资总额的 1.6%,比 2014 年减少 8.0%。其中,城市环境基础设施建设投资 4 946.8 亿元,老工业污染源治理投资 773.7 亿元,建设项目"三同时"[②]投资

---

①　根据国家环保部的统计数据,2015 年全国各级环保系统共收到群众来信 12.1 万封,群众来访 4.8 万批次,10.4 万人次,电话及网络投诉 164.7 万件。2015 年 6 月 5 日起,环保部开通了环保微信举报,共接到群众举报 13 719 件。除了来访批次和人次较 2014 年有所下降外,其余数据都有所上升。

②　建设项目"三同时"是指凡我国境内新建、改建、扩建的建设项目(工程),技术改造项目(工程)及引进的建设项目(工程),其劳动安全卫生设施必须符合国家规定的标准,必须与主体工程同时设计、同时施工、同时投入生产和管理。这是由国家安全监管总局 2010 年 12 月 14 日公布的《建设项目安全设施"三同时"监督管理办法》规定的。该办法于 2011 年 2 月 1 日正式实施,2015 年 4 月 2 日进行了修正。

3 085.8亿元,分别占环境污染治理投资总额的 56.2％、8.8％和
35.0％。在污染治理设施直接投资方面,2015 年的总投入是 4 694.2
亿元,占污染治理投资总额的 53.3％。在污染治理设施运行费用方
面,2015 年共花费 3 282.7 亿元,比 2014 年增加 8.5％。值得注意的
是,2015 年生活垃圾处理场运行费用达到 159.8 亿元,比上年增加了
33.4％。各省和地区中,西藏、海南、青海和吉林的投资总额不到 100
亿元,广东、海南、吉林、湖南、福建、河南、辽宁和四川污染治理投资
占 GDP 比重低于 1％,有七个省份环境污染治理投资增速超过了当
地 GDP 的增速。[1]

　　环境污染治理投入多少直接关系着生态环境保护的技术水平。
以工业固体废物的处理为例。2015 年,全国一般工业固体废物产生
量共计 32.7 亿吨,综合利用量 19.9 亿吨,贮存量 5.8 亿吨,处置量 7.3
亿吨,倾倒丢弃量 55.8 万吨。从参与调查的 35 个城市[2]来看,几乎所
有的城市在 2013 年到 2015 年间产生一般工业固体废物量都呈现下
降态势。其中,昆明、乌鲁木齐、北京、重庆、南京、成都、长春等城市
固体废物产生量减少非常明显,呼和浩特、银川、贵阳、石家庄、南昌
和长沙则不降反升。再看工业固体废物利用率,2015 年工业固体废
物利用率较低的城市有呼和浩特、昆明、银川、贵阳、太原,不到 60％。
也就是说,在呼和浩特、银川和贵阳,这些城市一边面临着工业固体
废物产生量增加,一边对已经产生的对环境有害的工业固体废物又
不能够及时有效地综合利用和妥善处理,这必然会导致当地生态环
境的恶化。

（二）政府环境污染治理的政策制度分析

　　与经济、技术投入相比,政府环保政策制定和落实的情况,对生
态环境的恢复和保护同样至关重要。2015 年到 2017 年间,我国党和

---

　　① 各项数据均来自环保部 2017 年 2 月 23 日发布的《2015 年环境统计年报》,参见
http://www.zhb.gov.cn/gzfw_13107/hjtj/hjtjnb/201702/P020170223595802837498.pdf。
　　② 大连、宁波、青岛、深圳和厦门的数据缺失。

表 5.2 各城市一般工业固体废物产生和处理情况统计(2013—2015 年)

城 市	一般工业固体废物产生量(万吨)			一般工业固体废物综合利用量(万吨)			工业固体废物利用率(%)		
	2013 年	2014 年	2015 年	2013 年	2014 年	2015 年	2013 年	2014 年	2015 年
北 京	1 044.12	1 020.76	709.86	904.46	894.98	591.56	86.62	87.68	83.33
上 海	2 054.49	1 924.79	1 868.07	1 995.35	1 876.86	1 796.18	97.12	97.51	96.15
天 津	1 592.11	1 734.62	1 545.66	1 582.44	1 723.94	1 523.97	99.39	99.38	98.6
重 庆	3 161.8	3 067.78	2 827.99	2 695.41	2 648.22	2 423.85	85.25	86.32	85.71
长 春	606.02	582.86	387.9	604.77	582.42	297.85	99.79	99.92	76.79
长 沙	100.56	106.95	107.74	86.91	91.48	92.71	86.43	85.54	86.05
成 都	533.35	452.74	293.07	525.35	441.13	281.48	98.5	97.44	96.05
福 州	809.63	782.14	601.73	763.65	750.62	573.74	94.32	95.97	95.35
广 州	555.56	495.88	459.63	528.88	468.47	436	95.2	94.47	94.86
贵 阳	1 104.37	1 097.79	1 200.98	515.96	546.14	578.25	46.72	49.75	48.15
哈尔滨	574.53	684.71	461.42	539.22	671.5	460.63	93.85	98.07	99.83
海 口	6.41	5.22	4.6	6	4.02	4.06	93.6	77.01	88.26
杭 州	687.48	719.86	649.23	647.92	656.21	575.25	94.25	91.16	88.6
合 肥	1 024.1	1 001.22	817.96	955.17	931.37	749.73	93.27	93.02	91.66
呼和浩特	875.65	1 129.9	1 165.2	407.69	447.84	379.62	46.56	39.64	32.58

（续表）

城 市	一般工业固体废物产生量（万吨）			一般工业固体废物综合利用量（万吨）			工业固体废物利用率（%）		
	2013 年	2014 年	2015 年	2013 年	2014 年	2015 年	2013 年	2014 年	2015 年
济 南	932.39	1 022.86	857.26	920.43	1 019.4	851.97	98.72	99.66	99.38
昆 明	3 319.12	2 152.03	2 396.9	1 412.8	801.21	871.48	42.57	37.23	36.36
兰 州	624.57	638.58	607.75	608.17	628.73	598.41	97.37	98.46	98.46
南 昌	224.23	194.69	240.28	219.08	186.72	233.28	97.7	95.91	97.09
南 京	1697.01	1 750.68	1 426.02	1 555.24	1 608.11	1 290.58	91.65	91.86	90.5
南 宁	396.32	361.15	256.89	375.87	346.57	244.92	94.84	95.96	95.34
沈 阳	790.93	813.14	692.31	733.09	768.47	660.39	92.69	94.51	95.39
石家庄	1 558.32	1 500.93	1 604.97	1 533.65	1 480.33	1 591.38	98.42	98.63	99.15
太 原	2 632.13	2 449.54	2 560.14	1 435.76	1 353.83	1 435.14	54.55	55.27	56.06
武 汉	1 384.14	1 407.06	1 334.23	1 409	1 285.83	1 324.05	101.8	91.38	99.24
乌鲁木齐	1 127.51	962.36	778.46	988.11	901.31	703.53	87.64	93.66	90.37
西 宁	538.14	542.21	469.7	555.77	551.66	469.79	103.28	101.74	100.02
西 安	254.85	249.37	235.55	244.1	233.23	216.4	95.78	93.53	91.87
银 川	685.69	652.46	803.32	581.3	518.27	353.52	84.78	79.43	44.01
郑 州	1548.72	1 400.13	1 548.05	1 138.85	1 027.25	1 175.77	73.53	73.37	75.95

政府为了推动各地加快落实生态环境污染治理的进程，在法律、制度等层面连出重拳，表明了建设美丽中国的充分决心。

表 5.3　环境保护大事件（2015—2017 年）

时　　间	事　　件
2015 年 1 月 1 日	"史上最严"的新《环境保护法》正式实施
2015 年 2 月 25 日	环保部首次"约谈"地方政府一把手
2015 年 4 月 16 日	《水污染防治行动计划》正式出台
2015 年 8 月 17 日	中共中央、国务院发布《党政领导干部生态环境损害责任追究办法（试行）》
2015 年 9 月 21 日	中共中央、国务院印发《生态文明体制改革总体方案》
2015 年 10 月 29 日	"十三五规划"提出环保监测监察执法实行"垂直管理"
2015 年 11 月 9 日	《开展领导干部自然资源资产离任审计试点方案》
2016 年 1 月	中央环保督查试点在河北展开
2016 年 7 月	第一批中央环境保护督查全面启动
2016 年 5 月 31 日	《土壤污染防治行动计划》正式出台
2016 年 7 月 15 日	环保部印发《"十三五"环境影响评价改革实施方案》
2016 年 9 月 29 日	国家发改委、环保部联合印发《关于培育环境治理和生态保护市场主体的意见》
2016 年 12 月	中共中央办公厅、国务院办公厅印发《关于全面推行河长制的意见》
2016 年 12 月 25 日	《环境保护税法》经十二届全国人大常委会第 25 次会议表决通过
2017 年 2 月 7 日	中共中央办公厅、国务院办公厅印发《关于划定并严守生态保护红线的若干意见》
2017 年 3 月 18 日	发改委、住房城乡建设部发布《生活垃圾分类制度实施方案》
2017 年 4 月 10 日	环保部印发《国家环境保护标准"十三五"发展规划》
2017 年 6 月 26 日	财政部、税务总局、环境保护部联合发布《中华人民共和国环境保护税法实施条例》
2017 年 6 月 29 日	环保部公布《建设项目环境影响评价分类管理名录》
2017 年 8 月 21 日	环保部联合多部门和地方政府发布《京津冀及周边地区 2017—2018 年秋冬季大气污染综合治理攻坚行动方案》

表 5.3 根据新闻报道和公开资料,梳理了近三年中影响比较大的环保政策。从这张表我们可以看出,我国治理环境污染,从法律法规的出台,到监督机制的推行,到经济杠杆的调整,再到环保产业的扶持,是一项宏大而系统的工程。尤其是随着中央提出实行环境保护"党政同责、一岗双责"的要求后,进一步在制度层面理清了各级党委和政府部门之间的环保责任,为强化环境保护的协同共治提供了强有力的制度保障。在这一系列重大改革和举措中,2015 年启动、2016 年试点、2017 年收官的中央环保督查行动在全国各地刮起了声势浩大的"环保风暴",成为举世瞩目的焦点。

2015 年 7 月,中央深改小组第 14 次会议审议通过《环境保护督查方案(试行)》,明确建立环保督查机制,并决定在 2016 年年初在河北试点。由此拉开了为期两年,覆盖全国的中央环保督查行动。到 2017 年底,中央环保督查组正式完成对全国 31 个省、自治区、直辖市督查全覆盖累计立案处罚 2.9 万家、立案侦查 1 518 件、拘留 1 527 人,约谈党政领导干部 18 448 人,问责 18 199 人。

表 5.4　2016—2017 年中央环保督查进程

批　次	时　　　间	地　　　区
试　点	2016 年 1 月	河北
第一批	2016 年 7 月 12 日—2016 年 8 月 19 日	内蒙古、黑龙江、江苏、江西、河南、广西、云南、宁夏
第二批	2016 年 11 月 24 日—2016 年 12 月 30 日	北京、上海、湖北、广东、重庆、陕西、甘肃
第三批	2017 年 4 月 24 日—2017 年 5 月 28 日	天津、山西、辽宁、安徽、福建、湖南、贵州
第四批	2017 年 8 月 7 日—2017 年 9 月 15 日	吉林、浙江、山东、海南、四川、西藏、青海、新疆

实际上,环保督查早先就有,并且是考察和保护土地资源、水资源等自然生态资源的常见机制。然而,运用在环境保护综合治理领域,形成如此大规模、大范围、大力度、大影响的环保监督检查尚属首

次。和以往环保督查相比,本次环保督查的监察对象更加侧重针对政府部门,并且通过前期环保检查体制的改革,使过去地方政府"保护伞"彻底失去了作用,从而在根本上解决了环境污染监管不力、扯皮推诿的问题。

环保问题之所以成为老大难的顽疾,和地方政府应付中央督查的"一阵风"突击治理有很大关系,本次环保督查为了避免出现"督查组一走,污染就回来"的反弹回潮,2018 年至 2019 年,中央环保督查组将在全国范围内开展第二轮中央环保督查。"回头看"只是中央环保督查制度走向常态化的一个表现。2017 年 11 月下旬,环保部六个区域环保"督查中心"①正式升级为区域"督察局",由事业单位转为环保部派出行政机构,则意味着中央环保督政体系的进一步完善。

李干杰用五个"前所未有"形容党的十八大以来,我国在生态环境保护和生态文明建设领域取得的成就:思想认识程度之深前所未有、污染治理力度之大前所未有、制度出台频度之密前所未有、监管执法尺度之严前所未有、环境质量改善速度之快前所未有②。可以说,正是由于宏观政策体系的不断健全和完善,及其执行和监督力度的不断加强,为地方政府重视环境治理提供了重要的制度前提。

第二节　城市居民对政府环境信息公开评价的调查分析

一、城市居民对政府环境信息公开的满意度调查结果分析

有关城市居民对政府环境信息公开的满意度,我们的调查问题是"您认为政府对关于环保方面的信息公开程度如何?",其设置了五个选项,分别是"非常公开""比较公开""不太公开""完全不公开""不知道"。

---

① 区域环保督查中心,自 2002 年起在南京、广州分设试点,2006 年正式成立华东、华南环保督查中心,2008 年起在全国先后组建华北、西北、西南和东北四个环保督查中心。

② 张璐晶、李永华、刘照普:《中央环保威力大:2016 年到 2017 年两年内完成了对全国 31 省份的全覆盖》,《中国经济周刊》2017 年第 43 期。

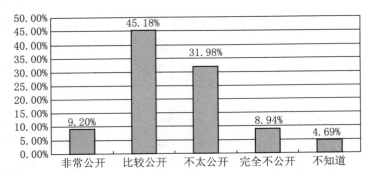

图 5.6　2017 年城市环境信息公开居民评价总体情况

从图 5.6 中可知,54.38％的城市居民认为政府环境信息非常公开或比较公开,超过了受调研总人数的一半以上,只有 8.94％的受访城市居民认为政府环境信息完全不公开。此外,还有约 4.69％的受访城市居民表示不知道。从单项上来看,居民选择最多的选项是"比较公开",占到了受访者人数的 45.18％。因此,总体来说,受访城市居民对政府环境信息公开程度的评价良好。

我们 2015 年的调查对 35 座城市做了同样的调研。在 2015 年的调研结果中,选择"非常公开"的居民比例为 8.47％,选择"比较公开"的居民比例为 27.76％。这两项数据在 2017 年都有了不同程度的增长,特别是认为政府环境信息比较公开的居民比例有了很大的提高。2015 年认为政府环境信息公开程度"不太公开""完全不公开""不知道"的城市居民比例分别为 34.56％、18.35％和 10.87％,与 2017 年的比例大致相近。总体来说,从 2015 年到 2017 年我国城市居民对政府环境信息公开程度的评价有了很大的提高。

同时,将北上广深这四个一线城市划入一组,将其他城市划入一组来研究不同城市群居民对环境信息公开评价的情况。最终发现,不同城市群居民对环境信息公开的评价分布情况总体相近,但是北上广深认为环境信息比较公开和不太公开的居民比例较高,选择其他选项的居民比例较之其他城市较低,说明北上广深一线城市环境信息公开情况的居民评价相对来说较为中庸。

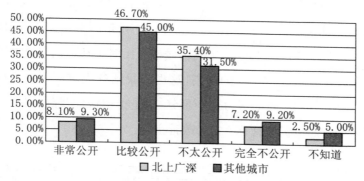

图5.7 2017年不同城市群环境信息公开居民评价情况

为了计算每座城市的居民对于政府环境信息公开的评价情况,我们的调查让受访居民环境信息公开的情况进行了打分,分数从1分到10分不等,分数越高代表环境信息公开情况越好。随后对调研的数据进行了整理和筛选,筛除了数据缺失的选项,然后计算各个城市居民对政府环境信息公开评价的平均值,以此来评估各个城市的居民对于政府环境信息公开的评价情况。其中,所得的平均值越高表示该城市居民认为政府环境信息越公开。计算结果如图5.8所示。

从图5.8中可以看出,2017年城市居民对于环境信息公开评价最好的城市为厦门(7.53),而城市居民对于环境信息公开评价最差的城市为西安(5.57)。本书调研组在2015年进行了同样的调查。在2015年的调查中,居民对环境信息公开最满意的城市是厦门(6.40),最不满意的城市为呼和浩特(4.99)。2017年呼和浩特城市居民对于环境公开的评价仍然不高,处在35个城市中的倒数第二位。而厦门城市居民对环境信息公开的评价2017年仍然较高,继续蝉联第一名,这与厦门良好的环境状态也是密不可分的。在2015年和2017年的调查中,西安居民对环境信息公开的评价也都较低,评价均分分别为5.10和5.57,虽然评价均分有所上升,但是排名却从倒数第4名下滑到了倒数第1名,而近年来西安在污染治理特别是雾霾治理方面也面临着巨大的压力。

而从各个城市居民对信息公开总体的评价平均值上看，2017年35座城市居民的评价平均值为6.61，而2015年的平均值为5.52，可知总体上从2015年到2017年我国城市居民对于环境信息公开的满意度和评价有了一定程度的提高，这也与我国各级政府近两年在环境信息公开方面所做的努力密不可分，但是也应该注意到，目前环境信息公开方面也仍然具有一定的改善空间。

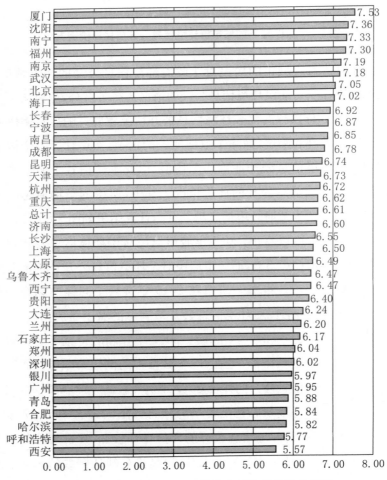

图5.8 2017年城市居民环境信息公开评价排名情况

为了研究城市居民对政府环境信息公开程度评价的影响因素，我们在调研时还考察了"您给您所在城市的综合污染程度打几分"和"您对您所在城市政府在治理环境污染方面的表现打几分"两个问题，以此来分析他们与政府环境信息公开程度居民评价间的关系。分析发现，居民对所在城市综合污染程度的评价与居民对环境信息公开程度的评价（双尾检验显著度：** p＝0.681＞0.01）没有统计学意义上的相关关系，而居民对政府治污表现的评价与居民对环境信息公开的评价呈现统计学意义上的显著相关关系。

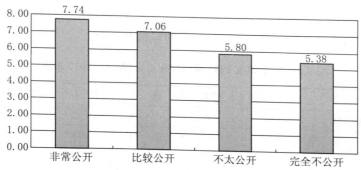

注：统计显著性为 0.000。

图 5.9　居民对政府治污表现的评价与居民对环境信息公开的评价的关系

从图 5.9 可知，居民对政府治污表现评价越高时，也越倾向于认为环境信息更加公开。所以说，居民环境治理满意度与居民对环境信息公开的评价有非常显著的正相关性。

二、基于政务媒体的环境信息公开研究

（一）2016—2017 年度 PITI 评估调查

2017 年 9 月 7 日，环保公益组织公众环境研究中心（IPE）与自然资源保护协会（NRDC）在北京发布了"2016—2017 年度 120 城市污染源监管信息公开指数（PITI）"评价结果，这是自 2008 年以来，连续第 8 次对我国主要城市环境污染源监管信息公开情况进行的第三方评估。和之前的评价指标来看，除了日常监管、投诉举报、排放数据和环境影响评

价信息之外，2017 年新增加了自行监测这一项目。最新这次的评价数据显示，120 个城市 PITI 平均得分是 52.34 分，这是自 2013 年修改评价项目以来，平均得分首次超过 50，80 个城市得分有大幅度提高，70 分以上的城市较上年翻了一番。其中，温州、广州、北京、青岛、杭州、宁波继续保持 70 分以上，沈阳、中山、厦门、济南、苏州、上海、绍兴、东莞也进入 70 分以上。这意味着，以上城市已经基本做到了环境信息的依法公开。

在本次调查的 35 个城市中（海口市数据缺失），和上次保持同等水平的城市有 4 个，分别是北京、青岛、宁波和石家庄，得分下降的城市有 7 个，分别是贵阳、哈尔滨、杭州、兰州、太原、银川和郑州，其余有 23 个城市得分有所提高，70 分以上的城市共 9 个。

表 5.5　35 个城市 PITI 评价结果排名（2016—2017 年度）

城　市	PITI 得分	趋势	城　市	PITI 得分	趋势
北　京	75.5	→	兰　州	33	↓
上　海	71.6	↑	南　昌	61	↑
天　津	59.2	↑	南　京	63.6	↑
重　庆	50.1	↑	南　宁	48.6	↑
长　春	56.5	↑	宁　波	70	→
长　沙	47.6	↑	青　岛	75.1	→
成　都	65.7	↑	沈　阳	74.7	↑
大　连	66.9	↑	深　圳	69	↑
福　州	57.6	↑	石家庄	56.6	→
广　州	76.9	↑	太　原	38.1	↓
贵　阳	41.7	↓	武　汉	60.3	↑
哈尔滨	39.3	↓	乌鲁木齐	52.1	↑
海　口	—	—	西　宁	42	↑
杭　州	72.5	↓	西　安	55.7	↑
合　肥	67.9	↑	厦　门	73.3	↑
呼和浩特	63.7	↑	银　川	48.2	↓
济　南	72.6	↑	郑　州	51.2	↓
昆　明	48.7	↑			

除了得分显示在环境信息公开方面,我国地方政府取得了长足进步之外,本次 PITI 评价还反映出两方面的突出进展,其一是彻底解决新环保法实施前的各类历史遗留问题,其二是污染源监管信息正形成跨领域应用,倒逼污染减排。当然,评估中暴露出的问题也同样明显,一方面,新《环保法》《大气法》规定要求公开自动检测数据的情况不容乐观;另一方面在排污数据统计过程中,暴露出主要污染企业未纳入重点排污单位名录,且多数企业的关键排污信息仍未公开。①

(二)环保政务媒体的信息公开建设

政务媒体建设是互联网时代各项政府信息得以公开的技术支撑。20 世纪 90 年代我国政府信息化起步,二十多年来取得了突飞猛进的发展。从政府门户网站到政务微博微信,政务媒体呈现爆发式增长态势。截至 2016 年 12 月,中国"gov.cn"的域名数达到 53 546 个,100%的国家机关、省级政府机构,99.1%的地市级政府以及 85%以上的县(区)政府都已经建设了政府网站;微博平台认证的政务微博达到 164 522 个。②另外,新华网舆情监测分析中心在 2016 年初发布的《2015 年度全国政务新媒体报告》则指出,目前全国地方省份政务新媒体开通率超过 90%,城市政务新媒体开通率已经超过 55%;截至 2015 年,我国政务微博认证账号达到 28.9 万个,累计覆盖人次达40 亿;粉丝量累计同比增长为 17.6%;在发布量明显增长的同时,评论转发比、原创微博量方面均明显提升。③环保信息公开的发展同样离不开现代信息技术的保障。和公安部、共青团、教育部等行政系统相比,环保部门在近几年的政务新媒体建设方面,虽然也有明显提升,但还存在不小的差距。

---

① 张玉岩:《2016—2017 年度 PITI 评价结果发布:62 万余环保违规建设项目首次曝光》,《齐鲁晚报》2017 年 9 月 7 日。

② 中国互联网络信息中心:《第 39 次中国互联网络发展状况统计报告》,http://cnnic.cn/hlwfzyj/hlwxzbg/hlwtjbg/201701/P020170123364672657408.pdf。

③ 新华网舆情监测分析中心:《2015 年全国政务新媒体综合影响力报告》,http://www.cac.gov.cn/2016-01/22/c_1117865538.htm。

表 5.6 35 个城市环境保护政府门户网站基本建设情况

城 市	官网地址	成立时间	反链数	外链数	内链数	Google PR 值	百度收录数
海 口	www.hkhbj.gov.cn	2010 年 4 月 26 日	13	7	248	0	7 072
广 州	www.gzepb.gov.cn	1998 年 6 月 18 日	114	—	—	6	60 635
北 京	www.bjepb.gov.cn	1999 年 1 月 19 日	317	17	107	6	4 664
青 岛	www.qepb.gov.cn	1999 年 7 月 9 日	49	0	0	5	62 372
沈 阳	www.syepb.gov.cn	2004 年 12 月 17 日	26	7	180	5	20 417
厦 门	www.xmepb.gov.cn	1997 年 6 月 23 日	71	38	96	5	6 057
济 南	www.jnepb.gov.cn	2000 年 11 月 16 日	36	18	102	5	11 398
杭 州	www.hzepb.gov.cn	1998 年 10 月 8 日	67	118	74	6	18 467
上 海	www.sepb.gov.cn	1999 年 9 月 27 日	225	0	0	7	12 981
宁 波	www.nbepb.gov.cn	2003 年 6 月 5 日	60	17	126	5	30 043
深 圳	www.szhec.gov.cn	2010 年 5 月 12 日	136	7	61	5	8 625
合 肥	www.hfepb.gov.cn	2001 年 3 月 29 日	59	16	137	6	17 529
大 连	www.epb.dl.gov.cn	2000 年 9 月 6 日	1 922	10	97	5	11 190
成 都	www.cdepb.gov.cn	2004 年 1 月 13 日	40	0	0	5	40 804
呼和浩特	hbj.huhhot.gov.cn	2003 年 10 月 13 日	190	11	137	—	378
南 京	www.njhb.gov.cn	2003 年 5 月 23 日	85	27	120	5	5 772
南 昌	www.lsnc.cn	2003 年 4 月 2 日	11	18	127	5	3 840
武 汉	www.whepb.gov.cn	1999 年 3 月 26 日	92	—	—	5	17 874
天 津	www.tjhb.gov.cn	1999 年 10 月 25 日	155	43	112	6	16 406
福 州	www. fuzhou. gov. cn/zgfzzt/shbj	2004 年 10 月 28 日	—	6	101	6	71 624
石家庄	www.sjzhb.gov.cn	2005 年 5 月 25 日	32	0	0	4	25 922
长 春	www.ccepb.gov.cn	2004 年 7 月 20 日	15	—	—	—	3 920
西 安	www.xaepb.gov.cn	2006 年 9 月 13 日	41	10	118	4	26 452
乌鲁木齐	hb.urumqi.gov.cn	1999 年 5 月 4 日	188	—	—	—	0
郑 州	www.zzepb.gov.cn	2004 年 5 月 21 日	33	0	1	5	2 168

城　市	官网地址	成立时间	反链数	外链数	内链数	Google PR 值	百度收录数
重　庆	www.cepb.gov.cn	1998 年 11 月 24 日	190	31	198	6	19 945
昆　明	www.kmepb.gov.cn	2001 年 6 月 1 日	25	16	85	5	20 213
南　宁	www.nnhb.gov.cn	2006 年 1 月 18 日	36	0	0	4	20 243
银　川	www.ycepa.gov.cn	2010 年 7 月 14 日	3	11	132	—	3 965
长　沙	hbj.changsha.gov.cn	2000 年 5 月 23 日	848	7	238	5	8 214
西　宁	www.xnepb.gov.cn	2004 年 9 月 13 日	8	—	—	4	6 680
贵　阳	www.ghb.gov.cn	2005 年 8 月 30 日	37	—	—	5	11 853
哈尔滨	www.hrbhbj.gov.cn	2005 年 7 月 1 日	19	4	93	—	15
太　原	www.tyshbj.com.cn	2002 年 11 月 14 日	31	—	—	4	1 945
兰　州	hbj.lanzhou.gov.cn	2006 年 7 月 27 日	325	8	231	5	1 460

　　表5.6 统计了 35 个城市环保局官方网站的基本信息，通过"站长工具"①网站，获取各网站的成立时间、链接数据和 PR 值，同时通过百度搜索引擎获取各网站的收录数据。②从表 5.6 中可以看出，35 个城市中最早建立环保政府网站的是厦门，最晚直到 2010 年 4、5 月份才有环保政府官方，大部分城市在 2005 年之前就完成环保政府网站的建立，且大部分环保政府官方网站已经具有完整的内部结构和一定的网络影响力。除此之外，根据对政府官方网站页面统计，超过65％的城市环保局拥有自己的微博账号，微信公号则更多，有 77.1％。另外，海口、广州、北京、青岛、济南、上海、宁波、深圳、大连、武汉、天津、南宁和长沙还开发了环保手机 APP 或客户端。

---

　　①　网址：http://tool.chinaz.com，查询时间：2017 年 1 月 23 日—24 日。
　　②　反链数，是指无论站内还是站外链入到某网站的链接数量；外链数，是指从其他网站导入某网站的链接数量，外链数越多，质量越高，该网站的网络可见度和影响力越大；内链数，是指同一网站内页面之间互相链接数量，反映的是网站内部结构的层次性、完备性和信息的整合程度；PR 值，表示搜索引擎对网站等级或重要性的评价，由谷歌创始人拉里·佩奇建立，级别从 0 到 10，分值越高说明网页越受欢迎，影响力越大。百度收录数，体现的是百度快照和其后台释放出来的相关内容数量，可以直观反映网站在搜索引擎中的地位。

第三节　城市居民对政府环境治理信心的调查分析

一、城市居民对政府环境治理信心的情况

本次调查分别调研了受访者"您对中央政府解决中国的环境问题有信心吗"和"您对地方政府解决中国的环境问题有信心吗"两个问题。问题设置了五个选项,分别是"非常有信心""比较有信心""信心不足""完全没信心"和"说不清"。接下来,本书将对调研所得的城市居民对政府环境治理信心的情况进行描述和分析。

(一) 2017 年城市居民对中央政府环境治理信心调研情况

如图 5.10 所示,通过统计,可以看出在受调查的 35 个城市中,约有 71.13％城市居民对中央政府环境治理具有着较高的信心,约有 20.67％的受访城市居民对于中央政府环境治理的信心稍弱,而约有 7.34％的受访城市居民对中央政府环境治理缺乏信心。此外,还约有 0.87％的受访者对此持不清楚态度。总体来说,我国城市居民对中央政府环境治理的信心较高,对政府整治环境污染,改善生态环境充满期待。

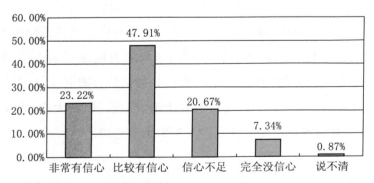

图 5.10　2017 年城市居民对中央政府环境治理信心分布情况

《中国城市居民环保态度蓝皮书(2013—2015)》中对 2015 年城市居民对中央政府环境治理信心做了同样的调研,对比两次结果,发现

2015 年对中央政府环境治理比较有信心和非常有信心的城市居民比例约为 63.6%，2017 年我国城市居民对中央政府环境治理的信心程度有了一个较大的提升。

如图 5.11 所示，本节对北上广深和其他城市两大城市群居民对中央政府环境治理信心的情况进行了分开统计，发现 2017 年不同城市群居民对中央政府环境治理信心情况总体相同，这可能是由于居民对于中央政府环境治理措施的了解主要是通过媒体报道等达到的，而互联网传媒的普及使得这在地域上并没有太明显的差别。

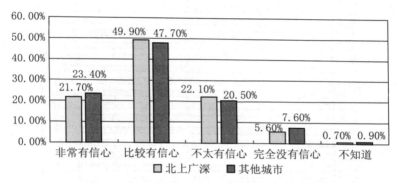

图 5.11　2017 年不同城市群居民对中央政府环境治理信心分布情况

而不同城市的居民对于中央政府环境治理信心的情况也有所不同，本书在调研中使用数字"1"至"10"来表示城市居民对中央政府环境治理的信心情况，数字越大表示对中央政府环境治理信心越强。本书通过计算各个城市居民所给出的平均数，最终将所调研的 35 个城市居民对中央政府环境治理信心由强到弱排列如图 5.11 所示。从图 5.12 中可知，2017 年济南（7.82）、昆明（7.64）、重庆（7.53）、北京（7.35）、天津（7.35）五座城市的居民对中央政府环境治理信心最强，而银川（6.22）、杭州（6.20）、太原（6.18）、南昌（6.15）、合肥（6.06）这五座城市的居民对中央政府环境治理信心最弱。总体来看，所调研城市居民的信心情况都在 6 以上，说明我国城市居民对中央政府环境治理的信心状况良好。

　　而2015年的调查显示,银川(7.83)、西宁(7.69)、长春(7.61)、呼和浩特(7.50)、天津(7.43)的城市居民对中央政府环境治理信心排在所调研城市的前五名。与此相对,深圳(5.93)、沈阳(6.52)、广州(6.66)、福州(6.72)、昆明(6.80)的城市居民对中央政府环境治理信心均分位列所调研城市的后五名。通过对比发现,天津市居民对中央政府环境治理的信心一直较强,始终位于所调研城市的前五名,这可能与天津临海,污染物容易扩散,环境状况较好有关。

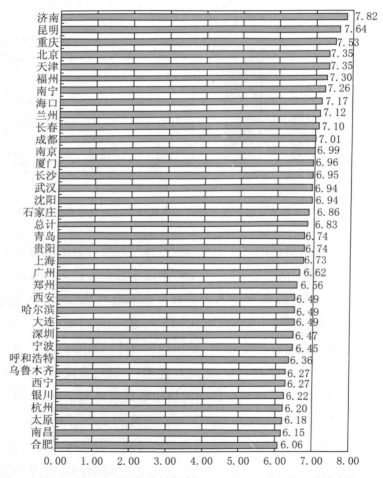

图5.12　2017年城市居民对中央政府环境治理信心排名

（二）2017 年城市居民对地方政府环境治理信心调研情况

关于城市居民对地方政府环境治理信心,本次调查通过调研发现约有 65.00％的城市居民对地方政府环境治理信心较强,这一人数稍低于城市居民对中央政府环境治理信心较强的人数,但仍接近受访人数的三分之二。约有 23.42％的受访城市居民对于地方政府环境治理的信心稍弱,而约有 9.48％的受访城市居民对地方政府环境治理缺乏信心,约有 1.10％的受访者对此持不清楚态度,这三项数据都略高出城市居民对中央政府环境治理信心的同类数据。总体来说,城市居民对地方政府环境治理信心的分布情况与对中央政府环境治理信心的分布情况较为相似,无论是中央政府还是地方政府,城市居民对政府环境治理的信心总体较好,但是城市居民对中央政府环境治理的信心指数稍高于对地方政府环境治理的信心指数。

2015 年的调研结果显示,约有 54.6％的城市居民对地方政府环境治理比较有信心或非常有信心,2017 年 66.0％的比例也较 2015 年有了很大提升,这也说明我国城市居民对地方政府环境治理的信心有了一个较大的提升。

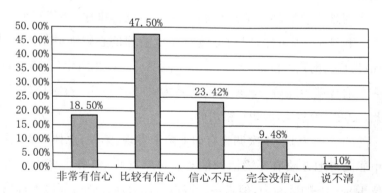

图 5.13　2017 年城市居民对地方政府环境治理信心分布情况

如图 5.14 所示,北上广深一线城市和其他城市居民对地方政府环境治理信心分布情况总体上较为一致,说明我国两个大类城市群居民对地方政府环境治理信心的情况是总体相同的。但是值得注意的是，北上广深的居民选择"非常有信心"和"比较有信心"的比例较之其他城市略低，这也可能是由于一线城市面临的环境治理任务较为艰巨，同时居民对环境质量的要求较高有关。

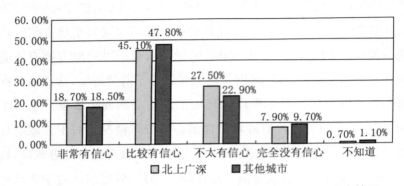

图 5.14　2017 年不同城市群居民对地方政府环境治理信心分布情况

在调研中发现，不同城市的居民对于地方政府环境治理的信心同样有所差异。本书同样用"1"至"10"来表示城市居民对地方政府环境治理的信心情况，数字越大表示对地方政府环境治理信心越强，最终计算了 35 个城市的居民对地方政府环境治理信心的平均值，按照居民对地方政府环境治理信心由强到弱进行排序，最终得到了图 5.15。由图 5.5 中可知，对地方政府环境治理信心较强的前五名为：福州（7.47）、南京（7.33）、天津（7.30）、昆明（7.14）和南宁（7.13），而对地方政府环境治理信心较弱的前五名为：西安（5.66）、石家庄（5.59）、杭州（5.52）、哈尔滨（5.39）、银川（5.39）。

与图 5.12 对比，本次调查有如下两个发现：第一，总体来看，我国城市居民对地方政府环境治理信心总体情况良好，各个城市平均值都位于 5—10 的区间内，但是各地城市居民对地方政府环境治理信心大多弱于对中央政府环境治理信心。第二，天津、昆明两座城市的居民对中央政府和地方政府环境治理的信心都较高，而银川和杭州两座城市居民对中央政府和地方政府环境治理的信心都较低。而在 2015 年对地方政府环境治理信心的调研显示，厦门（7.53）、上海

(7.37)、济南(6.97)、乌鲁木齐(6.92)、杭州(6.90)的城市居民对当地政府环境治理信心排在所有 35 个城市前五名。与此相对,南昌(6.08)、沈阳(6.08)、西安(6.07)、广州(6.05)、深圳(5.86)的城市居民对当地政府环境治理信心均分位列所有 35 个城市的后五名。对比2017 年和 2015 年的调研结果,沈阳 2017 年和 2015 年对地方政府环境治理的信心均分都位列 35 个城市中的后五名,其居民对地方政府环境治理信心一直以来都偏弱。

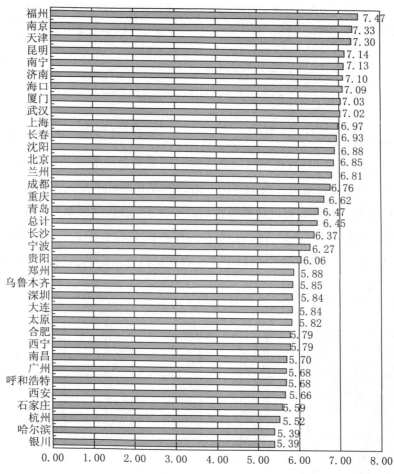

图 5.15　2017 年城市居民对地方政府环境治理信心排名

二、城市居民对政府环境治理信心的影响因素研究

（一）城市居民对中央政府环境治理信心的影响因素研究

本次调查选取了受访者的性别、年龄、最高学历等个体特征作为因变量，以城市居民对中央政府环境治理信心为自变量，运用方差分析和均值比较来探究城市居民对中央政府环境治理信心的影响因素。同时，本书也分析了环境信息公开程度与城市居民对中央政府环境治理信心的影响。

表5.7　相关人口学变量对中央政府环境治理信心的单因素方差分析

因变量	显著性
性别	0.076
年龄	0.000
最高学历	0.008
环境信息公开程度	0.000

从表5.7可知，在本次调查所选取的相关变量中，性别（$p=0.076$ > 0.05）对中央政府环境治理信心的影响没有统计学意义上的显著差异，因此本书将不再进行具体探讨。而年龄、最高学历都对中央政府环境治理信心有着显著影响，方差的伴随概率均小于0.05，信度和效度都较高。关于各个变量对中央政府环境治理信心的影响分析如下。

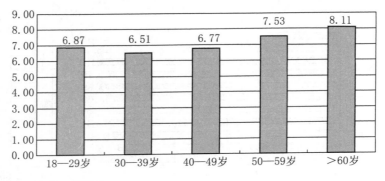

注：统计显著性为0.000。

图5.16　年龄与对中央政府环境治理信心的关系

如图 5.16 所示,各个年龄段对中央政府环境治理信心不同。在前文中已经提到过,数字越高代表对中央政府环境治理信心越高,因此年龄与对中央政府环境治理信心是成正比的,简而言之,就是随着年龄段的增长,对中央政府改善生态环境、治理环境污染的信心就越强。

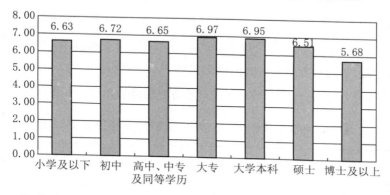

注:统计显著性为 0.008。

图 5.17　最高学历与对中央政府环境治理信心的关系

从总体上看,受访者的最高学历与对中央政府环境治理信心之间虽然具有统计学意义上的相关关系,但是其相关关系较为复杂,并非简单的正相关或负相关。值得注意的是,最高学历为博士及以上的受访者对中央政府环境治理的信心最弱。而与之相反的是,最高学历为大专或大学本科的受访者对中央政府环境治理的信心最强,而最高学历为小学、初中、高中以及中专的受访者对中央政府环境治理的信心也较强。

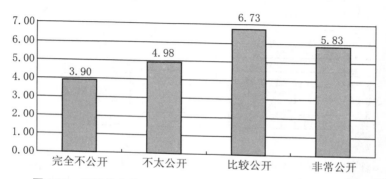

图 5.18　环境信息公开程度与对中央政府环境治理信心的关系

总体来看,环境信息公开程度与居民对中央政府环境治理信心呈现较为显著的正相关关系,环境信息越公开,居民对中央政府环境治理的信心就越强,这也与日常生活中的认知较为贴合。

(二)城市居民对地方政府环境治理信心的影响因素研究

为了探究城市居民对地方政府环境治理信心的影响因素,本书也如前文一样选取了性别、年龄、最高学历三个变量来进行方差分析和均值比较,单因素方差分析的结果汇总如表5.8所示。同时,本文也分析了环境信息公开程度与城市居民对地方政府环境治理信心的影响。

表5.8　相关变量对地方政府环境治理信心的单因素方差分析

因变量	显著性
性别	0.000
年龄	0.001
最高学历	0.000
环境信息公开程度	0.000

经过 SPSS 分析,发现性别、年龄、最高学历四个变量的显著性都小于 0.050,都对地方政府环境治理信心有着较为显著的影响,对各个变量的具体影响情况描述如下。

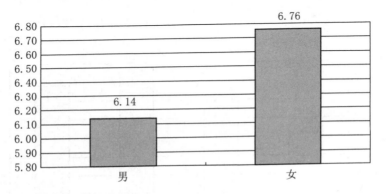

注:统计显著性为 0.000。

图 5.19　性别与对地方政府环境治理信心的关系

性别这一变量对中央政府环境治理的信心并没有显著的影响，但是却对地方政府环境治理的信心具有这显著影响。由图 5.19 可以看出，男性与女性相比，对于地方政府环境治理的要求更高，对于地方政府环境治理的信心却越弱。

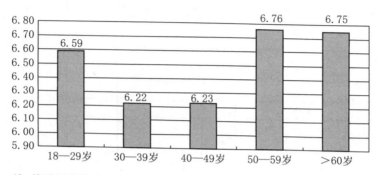

注：统计显著性为 0.001。

图5.20　年龄与对地方政府环境治理信心的关系

虽然在统计学意义上受访者年龄段对地方政府环境治理信心的影响较为显著，但是从图 5.20 中发现，年龄与对地方政府环境治理信心的关系并不是简单的正相关或者负相关关系。从图中可以看出，30—39岁和 40—49 岁两个年龄段的受访者对于地方政府环境治理持较为保守的态度，对地方政府环境治理信心较之于其他几个年龄段都偏弱。

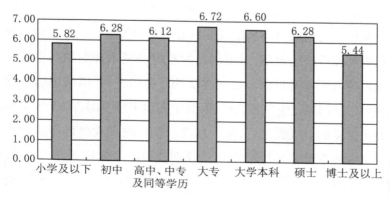

注：统计显著性为 0.000。

图5.21　最高学历与对地方政府环境治理信心的关系

受访者最高学历对地方政府环境治理的信心影响同样具有统计学意义上的显著性关系，但是从图 5.21 中发现，最高学历与对地方政府环境治理的信心也不是简单的正相关或者负相关关系。但是仍然可以从中看出，学历为小学及以下的受访者和学历为博士及以上的受访者对于地方政府环境治理的信心相对较弱。

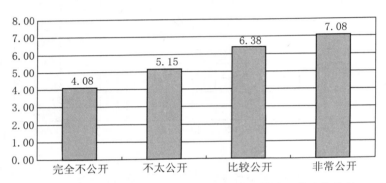

图 5.22　环境信息公开程度与对地方政府环境治理信心的关系

从图 5.22 中可得，环境信息公开程度与居民对地方政府环境治理信心呈现较为显著的正相关关系，环境信息越公开，居民对地方政府环境治理的信心就越强，反之则越弱。

三、政府空气污染近况及城市居民预期

城市居民对政府环境治理的信心一定程度上也决定了城市居民对政府环境治理的预期，城市居民对政府环境治理的预期也是城市居民对政府环境治理信心的间接反映。在当下，我国城市居民感受最深的污染问题是空气污染问题，其中尤以 PM10、PM2.5 等问题最为突出。党的十八大之后，新一届政府就将改善大气环境质量作为改善民生的重要着力点，作为生态文明建设的具体行动，作为统筹稳增长、调结构、促改革，打造中国经济升级版的重要抓手，并相应地做出一系列的全面部署。2013 年，国务院发布《大气污染防治行动计划》作为全国大气污染防治工作的行动指南，"行动计划"还特别明确

了力争再用五年或更长时间,逐步消除重污染天气,全国空气质量明显改善。因此,本书专门调研了各个诚实政府空气污染的治理现状和城市居民对空气污染治理效果的预期,以此来对空气污染治理效果和城市居民对政府环境治理信心进行补充验证。

(一)城市空气污染近况

自从十八大以来,党中央和国务院高度重视生态文明建设。习近平总书记多次强调,我们"我们既要绿水青山,也要金山银山。""绿水青山就是金山银山。"本书将近年来国家统计年鉴中关于空气污染情况的统计数据汇总如下,以此来评估党的十八大以来本书所调研城市空气污染的情况与污染治理情况。

总体来看,绝大部分城市从 2012 年起到 2015 年空气污染的情况都有了较为明显的改观,虽然过程中也具有起伏,但是空气中各项污染物的含量总体来看都有所下降。从二氧化硫的年平均浓度来看,除去银川、太原、长春、沈阳、哈尔滨等城市二氧化硫浓度有所提高外,其他城市二氧化硫浓度都有所下降,其中乌鲁木齐、南昌等城市二氧化硫浓度下降幅度最大。相较于其他两个指标,PM10 浓度下降的城市数量相对少一些,PM10 浓度下降的幅度要小一些,其中郑州、济南等城市 PM10 浓度提高的幅度较大,而兰州、南昌等城市 PM10 浓度下降的幅度较大。PM2.5 在 2012 年前后才刚刚走入大众和国家有关部门的视野,因此在 2012 年的年度统计中并没有进行统计。关于 PM2.5 年平均浓度,由于受到各级政府、新闻媒体以及社会大众的广泛关注,是近几年空气污染治理的重点,因此所调研的 35 个城市中没有一个城市 PM2.5 浓度是提升状态的,而都是在近几年大幅下降,其中,西安和石家庄下降幅度最高,PM2.5 治理成效显著。

(二)城市居民对政府空气污染治理的预期

本书专门调研了 35 座城市居民对我国政府空气污染治理的预期。本书向受访者询问了"您认为中国空气污染能在多长时间内得到有效解决?"问题设置了七个回答选项,分别是五个不同的时间段和

表5.9　35个城市空气污染近况

城市	二氧化硫年平均浓度（微克/立方米）				PM10年平均浓度（微克/立方米）				PM2.5年平均浓度（微克/立方米）			
	2012年	2013年	2014年	2015年	2012年	2013年	2014年	2015年	2012年	2013年	2014年	2015年
北京	29	26	22	14	109	108	116	102	—	89	86	81
上海	23	24	18	17	71	84	71	69	—	62	52	53
天津	48	59	49	29	105	150	133	117	—	96	83	70
重庆	37	32	24	16	90	106	98	87	—	70	65	57
长春	30	44	41	36	87	130	118	107	—	73	68	66
长沙	28	33	24	18	88	94	84	76	—	83	74	61
成都	33	31	19	14	119	150	123	108	—	96	77	64
大连	—	—	30	30	—	—	85	81	—	—	53	48
福州	8	11	8	6	60	64	65	56	—	36	34	29
广州	22	20	17	13	69	72	67	59	—	53	49	39
贵阳	31	31	24	17	73	85	74	61	—	53	48	39
哈尔滨	36	44	57	40	94	119	111	103	—	81	72	70
海口	6	7	6	5	34	47	42	40	—	27	23	22

（续表）

城　市	二氧化硫年平均浓度（微克/立方米）				PM10 年平均浓度（微克/立方米）				PM2.5 年平均浓度（微克/立方米）			
	2012 年	2013 年	2014 年	2015 年	2012 年	2013 年	2014 年	2015 年	2012 年	2013 年	2014 年	2015 年
杭　州	35	28	21	16	87	106	98	85	—	70	65	57
合　肥	19	22	23	16	98	115	113	92	—	88	83	66
呼和浩特	51	56	50	34	91	146	122	103	—	57	46	43
济　南	55	95	69	47	104	199	172	163	—	110	87	90
昆　明	34	28	20	17	67	82	70	56	—	42	35	30
兰　州	41	33	29	23	136	153	126	120	—	67	61	52
南　昌	45	40	25	19	88	116	85	75	—	69	52	43
南　京	33	37	25	19	102	137	124	97	—	78	74	57
南　宁	19	19	15	13	69	90	84	72	—	57	49	41
宁　波	—	22	17	15	—	86	73	69	—	54	46	45
青　岛	—	58	38	28	—	106	107	98	—	67	58	52
沈　阳	58	90	82	66	92	129	124	115	—	78	74	72
深　圳	—	11	9	8	—	61	53	49	—	40	34	30

（续表）

城市	二氧化硫年平均浓度（微克/立方米）				PM10年平均浓度（微克/立方米）				PM2.5年平均浓度（微克/立方米）			
	2012年	2013年	2014年	2015年	2012年	2013年	2014年	2015年	2012年	2013年	2014年	2015年
石家庄	58	105	62	47	98	305	206	147	—	154	124	89
太原	56	80	73	71	80	157	138	114	—	81	72	62
武汉	30	33	21	18	97	124	114	107	—	94	82	70
乌鲁木齐	58	29	25	15	145	146	146	133	—	88	61	66
西宁	35	48	41	31	105	163	121	106	—	70	63	49
西安	40	46	32	24	118	189	152	126	—	105	77	58
厦门	—	20	16	10	—	62	59	48	—	36	37	29
银川	44	77	81	64	99	118	112	112	—	51	53	51
郑州	51	59	43	33	105	171	158	167	—	108	88	96

注：(1)以上数据来自《中国统计年鉴2013》《中国统计年鉴2014》《中国统计年鉴2015》《中国统计年鉴2016》。(2)由于各个年份统计口径不尽相同，部分年统计年鉴未统计的栏目用"—"标注。

"永远无法解决""不知道"两个选项。回答情况如图 5.23 所示。

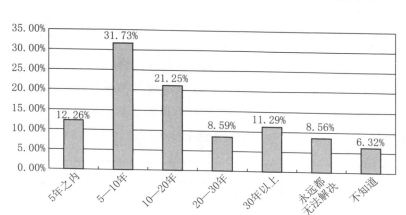

图 5.23　"您认为中国空气污染能在多长时间内得到有效解决?"居民态度分布情况

从单个选项来看,选择"5—10 年"这一选项的受访者人数最多,几乎要达到总人数的三分之一。而总体来看,65.24% 的受访者认为我国的空气污染将在 20 年内得到有效解决,其中甚至有 12.26% 的受访者认为我国的空气污染在 5 年之内就能得到有效解决。因此,我国城市居民对我国政府解决空气污染的信心总体来说较强,但是仍有 8.56% 的受访者认为永远也无法解决空气污染问题。

为了更好地了解居民对此问题态度的变化,本书将本次调查结果与《中国城市居民环保态度蓝皮书(2013—2015)》中同一项调查进行对比。在 2015 年,8.60% 的居民认为中国空气质量在五年就能改善,而认为 10—30 年左右能得到有效治理的人数最多,9.08% 的民众认为中国空气污染可能永远都无法解决。通过对比可以发现,认为空气质量在五年内就可以改善的受访者比例增多,而更多的受访者从认为我国空气质量能够在 10—30 年有效改善变为认为我国空气质量能够在 5—10 年内得到改善。同时,认为我国空气质量永远无法改善的受访者比例也有所下降。所以说,2017 年我国城市居民对空气污染改善的信心相比往年明显上升,而认为改善空气质量所需的时间也大大缩短，这也是过去几年我国政府加大空气污染整治力度的成果，也从侧面印证了前文对城市居民对政府环境治理信心的判断。

如图5.24所示，本节将不同城市群居民对空气污染治理预期的分布情况进行了统计，发现一线城市和其他城市的分布情况总体是一致的，但是其他城市居民较之一线城市居民来说认为空气污染得到治理所需的时间更短一些，究其原因，可能是其他城市较之一线城市空气污染相对较轻，空气污染治理的压力较轻。

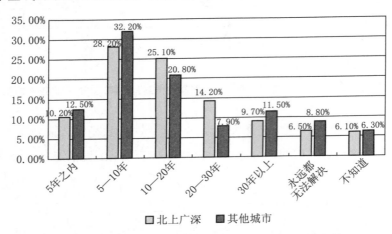

图5.24　2017年不同城市群居民空气污染治理预期分布情况

第四节　小　　结

在我国建设资源节约型社会和环境友好型社会的过程中，需要政府和社会的共同努力，而政府环境治理公众评价，事关公众对于政府环境治理的满意程度和政策信心，事关政府环境治理的相关举措能否更好地反映民意、汇聚民智。对政府环境治理公开评价的调研和分析能够为政府提升决策科学水平、加强环境治理实效提供重要的参考价值，因此，就显得尤为重要。本章主要从城市居民对政府环境治理综合评价、城市居民对政府环境信息公开评价和城市居民对政府环境治理信心三个方面对政府环境治理的公众评价调研进行描

述和分析,得出以下结论:

首先,对于城市居民对政府环境治理综合评价,本章主要是从城市居民对政府环境污染治理的满意度和满意度的影响因素两方面来进行分析的。城市居民对政府治理环境污染的满意度整体有显著的提高,这也说明我国政府近年来,在控制环境污染方面付出的各种治理投入和监督措施取得了一定的成效,得到了民众的认可。从单个城市来看,在2013年到2017年的三次调查中,南宁、武汉、北京、天津这四座城市居民对政府治理环境污染的满意度都连续提高。从人口变量来看,性别、年龄和受教育程度都与城市居民对政府环境污染治理的满意度在统计学意义上都具有显著相关性。

其次,关于城市居民对政府环境信息公开评价,本章发现在2017年的调查中,54.38%的城市居民认为政府环境信息非常公开或比较公开,超过了受调研总人数的一半以上。这一数据,与2015年相比有了较大提升,说明我国城市居民对于环境信息公开的满意度得到提高。联系"2016—2017年度120城市污染源监管信息公开指数(PITI)"和环保政务网站的相关数据,进一步论证我国各地方政府在治理环境污染的同时,在加强企业排污监管和环保数据分享方面也确实采取了切实有效的改革创新。

最后,本章就城市居民对各级政府环境治理信心调查进行了分析。调查发现,无论是中央政府还是地方政府,2017年城市居民对政府环境治理的信心程度总体较好,较之2015年有一定提升,但是城市居民对中央政府环境治理的信心程度稍好于对地方政府环境治理的信心程度。进一步的统计分析发现,性别与城市居民对中央政府环境治理信心相关性并不显著,但是与城市居民对地方政府环境治理信心的相关性较为显著,女性城市居民对地方政府环境治理信心更强。而年龄与城市居民对中央和地方政府环境治理信心相关性显著,年龄越大的城市居民对中央政府环境治理信心越强,但是年龄与居民对地方政府环境治理信心相关关系不明显。受访者最高学历对中央与地方政府环境治理的信心影响同样具有统计学意义上的显著性关系，但是相关关系比较复杂。对 35 个城市居民在空气治理预期方面进行的调研显示，65.24％的受访者认为我国的空气污染将在 20 年内得到有效解决，这一比例较之 2015 年调查有了较大提高，而 35 个城市中大部分城市的空气质量近年来也有着不同程度的改善，这也是城市居民对空气治理预期渐趋乐观的重要原因。

　　综上所述，在全国各地城市居民生活水平越来越高的今天，举国上下对攸关身心健康和未来可持续发展的生态环境给予高度重视的整体氛围，迫使地方政府在短期经济利益和长期生态效益之间寻找新的平衡点。2016 年以来，前所未有的大规模环保督查，让各地民众也能够积极参与到对当地环境保护的监督中。然而，部分地区为了完成行政任务，采取简单粗暴的"一刀切"政策，头痛医头、脚痛医脚，缺乏治污政策的系统性、全局性，不仅造成政策执行出现反弹，难以持续，更严重的是，在此过程中，让民众的切身利益遭受损失。在环保认知和环保意识平均水平不高的情况下，过于激进的政策措施往往只能起到相反的效果。因此，结合主要的调查结论，本章认为，在不断推动和加强环保监督常态化发展的同时，怎样建构生态治理的科学决策、公众参与和综合执法机制，是未来各地政府需要面对的新课题。

第六章　环境邻避情结评价

　　近年来,在工业化推动下,城市人口迅速增长,城市规模不断扩大,城市化进程也随之突飞猛进。然而,城市的过度扩张一方面使工业用地与居住用地的边界不断模糊,工业污染对人居区域的侵蚀也日益严重;另一方面,大量人口的涌入使得城市既有公共设施不堪重负,居民生活质量也因此大打折扣。以上环境污染和环境风险对城市治理造成了严重的困扰,而为解决此类问题引进的新技术不仅可能引发新的环境问题,且对技术可靠性心存疑虑的市民往往对相关设施抱有抵触情绪。随着城市面临的环境风险不断升级,"邻避运动"或"邻避抗争"也随之在国内城市中蔓延开来。

　　"邻避"是我国台湾学者对英文"Not In My Backyard"的意译,泛指社会公众对各种存在环境污染或环境风险的工业或公共设施的抵触情绪和抵制行为。自厦门PX事件以来,国内邻避运动日益频仍:在大连、宁波、昆明等地,先后发生了多起以抵制化工项目为主的邻避抗议活动;同时,在番禺、萧山等地也发生了一系列以抵制垃圾焚烧设施为主的群体性事件。以上现象表明,当前城市化造成的环境污染和环境风险日益严重,而经济发展和城市繁荣又使市民的权利意识和对环境质量的要求不断上升。由各种环境污染和环境风险引发的邻避冲突不仅日益频仍,而且还表现出明显的扩散趋势。

　　在愈演愈烈的邻避运动背后,是市民群体对环境风险的恐慌以及由此引发的集体非理性行为。而治理各种由环境风险引发的邻避问题的前提，是充分了解当前市民群体的环境风险意识和面对环境风险时的行为倾向。有鉴于此，本章首先介绍国内主要城市的市民环境风险意识和抗争行为倾向的基本情况；随后，分别统计和比较不同地区、不同社群的市民在环境风险意识与抗争行为倾向方面的差异；最后，概括总结国内市民群体在环境风险意识和抗争行为的整体差异，简要分析其成因，并在此基础上对地区国内邻避运动与环境群体性事件的治理提出相应的政策建议。

第一节　当前市民群体的环境风险感知与抗争意愿概况

环境风险意识泛指个体对外在环境风险的感知与评估。在此基础上，个体会根据自身情况和其他社会成员的行为采取从搬家离开到积极抗争等的应对策略。在各种应对策略中，城市治理主要关注个体的抗争意愿。影响市民环境风险意识和抗争意愿的因素不胜枚举，但可以大致分为内外两方面。其中，外在的环境风险主要包括技术风险（如技术的可靠性）和政策风险（邻避政策的制定、公示和存废过程是否合法合规）；内在因素主要指市民的性别、年龄和学历等的个体特征。个体特征不同的市民的环境风险感知和抗争意愿通常差异显著。本节主要从整体层面，介绍当前国内主要城市市民的环境风险意识与抗争意愿的概况。

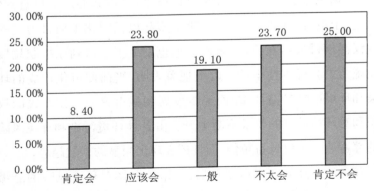

图 6.1　城市居民环保抗争意愿统计（2017 年）

图 6.1 中的数据表明,当前国内市民群体参与环保抗争的意愿整体上并不强烈。所有调查对象中,表现出抗争意愿的市民仅占 32.20％;相比之下,仅明确拒绝参与抗争活动的居民的比重就占了四分之一。同时,处于观望态度的居民的比重为 19.10％,约五分之一。由此可见,与此起彼伏的环保群体性事件相比,市民群体的实际抗争意愿并没有预期的那样强。

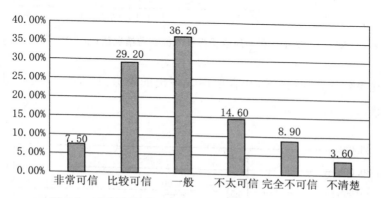

图 6.2 城市居民对环评报告的信任程度统计(2017 年)

以上统计结果表明,现阶段市民群体对政府部门的环评报告的整体信任程度仍然较高。对环评报告持信任态度的调查对象占比约为 36.70％;不置可否者的比重则为 36.20％;仅五分之一强(23.50％)的调查对象对政府部门的环评报告表现出不信任感。从中可见,尽管当前政府在各种环保问题中常因"公信力匮乏"屡遭诟病,但至少在实际工作中,政府公信力的整体水平仍然得到了多数调查对象的认可。

调查结果表明,超过半数(50.80％)的调查对象认为当前风险管控技术趋于成熟;仅有 17.40％的市民对当前风险管控技术持怀疑态度;对风控技术成熟度不置可否或不清楚的市民占比为 31.80％。总的来说,当前市民群体对现行风险管控技术的认可程度与他们在历次环境抗争活动中所表现出的技术恐慌情绪形成了鲜明的对比。这

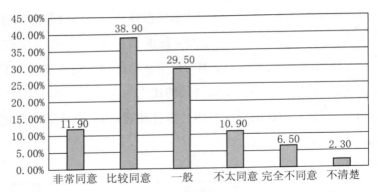

图 6.3　城市居民对风险管控技术的认可情况统计（2017 年）

种现象究竟是因集体情绪裹挟而表现出的恐慌，还是一种政策博弈策略，则有待进一步分析。

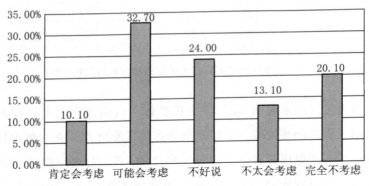

图 6.4　城市居民的邻避设施接受程度统计（2017 年）

在本次调查中，市民群体对邻避设施的接受程度与往年相比出现了明显提升。考虑接受邻避设施的调查对象占比为 42.80％，而坚决排拒邻避设施的调查对象仅有 20.10％。相比之下，在 2015 年度的调查中，有 79.30％的调查对象选择最大限度地远离各种邻避设施。与此同时，对邻避设施持中间态度的居民数量也显著增加（24.00％）。该现象可能是日益频仍的环境抗争活动使得公众对各种邻避设施的认知有所增长，并降低了人们对其的排拒情绪。

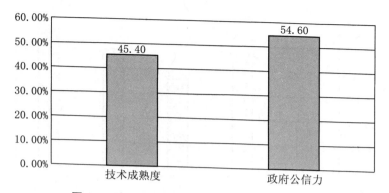

图 6.5　城市居民的环境风险偏好统计（2017 年）

如上所述，当前公众的环境风险来源可大致分为技术风险和政策风险。个体在面对环境风险时，其所看重的风险类型也往往因人而异。有鉴于此，本次调查特地询问了市民群体的环境风险偏好，并得到以上调查结果。整体而言，在面对环境风险时，更多受访者重视政策风险甚于重视技术风险。换言之，现阶段政府在处理环境问题时的，不仅要通过先进技术降低设施的环境污染等负面影响，更要通过治理环境取信于民，并借此平息各种由环境问题引发的社会冲突。

第二节　地域维度下的市民环境风险感知与抗争意愿差异统计

重大邻避事件通常发生在经济发达的沿海地区，相比之下，发生在经济水平相对落后的地区的邻避事件不论是规模还是影响力均不及前者。同时，经济发达地区的邻避事件的抵制措施相对温和，而发生在其他地区的邻避事件往往演变成群体性骚乱和公开冲突；另一方面，在发生过邻避事件的地区，迄今为止尚未有成功上马同类或其他类似邻避项目的案例。以上现象可能表明，市民的环境风险和抗争意识存在明显的地域差异。本节主要通过对比发生过邻避事件与未发生邻避事件的城市，一线城市与二线城市的市民在邻避风险意识以及抗争行为倾向，来探究上述地域维度的差异。

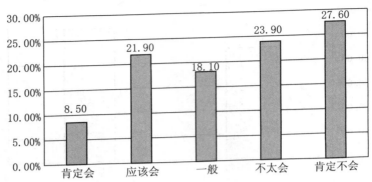

图 6.6　发生过邻避事件的城市居民的环境抗争意愿统计（2017 年）

图 6.6 中的数据表明，在发生过邻避事件的城市中，市民参与环保抗争活动的意愿与平均水平相比略有下降，不愿意参与抵制活动的市民占比为 51.5%，略微高于 48.7% 的全国平均水平；同时，愿意参与抗争活动的市民数量与全国平均水平相比有所下降，降幅约为 1.8%。由此可见，在发生过邻避事件的城市，市民的环境抗争意愿可能出现了不显著但微妙的变化：公众的环境抗争意愿似乎因为邻避事件的发生不增反降。

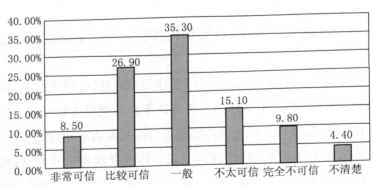

图 6.7　发生过邻避事件的城市居民对环评报告的信任度统计（2017 年）

由图 6.7 可知，在发生过邻避事件的城市中，市民们对环评报告的信任度出现了一定程度的下降：选择相信环评报告的市民所占比重为 35.40%，低于 36.70% 的全国平均水平；与此同时，不相信环评

报告的市民的比重也有所增长(24.90%),略高于全国平均水平
(23.50%)。显然,邻避事件的发生在一定程度上透支了政府在环保
方面的公信力,导致当地居民对环评报告等政府文件的信任度有所
下降。

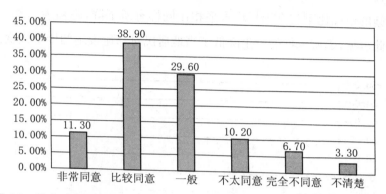

图 6.8 发生过邻避事件的城市居民对风险管控技术的认可情况统计(2017 年)

图 6.8 中的数据表明,发生过邻避事件的城市的市民对技术风险
管控程度的认可度为 49.60%,与全国平均水平(50.20%)相比并无明
显差异;同时,在发生过邻避事件的城市中,对现阶段风险管控技术
持不信任态度的市民占比为 16.9%,与全国平均水平(17.40%)相比
亦相差无几。上述分析结果初步表明,发生过邻避事件的城市的居
民对技术风险的感知情况与全国平均水平相比并无显著差异。

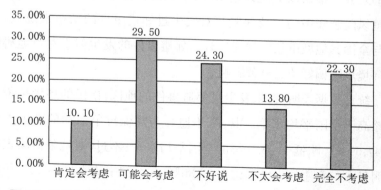

图 6.9 发生过邻避事件的城市居民的邻避设施接受程度统计(2017 年)

根据图 6.9 中的统计结果,在发生过邻避事件的城市,市民群体对邻避设施的接受程度与全国平均水平相比出现了明显的下降:36.1% 的调查对象选择拒绝接受邻避设施。相比之下,全国平均水平则为 33.10%,与之前各项问题相比降幅明显。同时,考虑接受邻避设施的市民比重与全国平均水平相比同样有所下降,降幅为 3.20%。由此可见,邻避事件的发生降低了当地居民对邻避设施的接受程度。

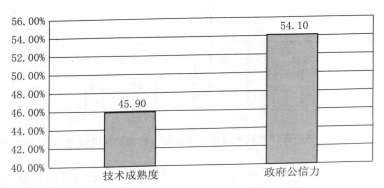

图 6.10   发生过邻避事件的城市居民的环境风险偏好统计(2017 年)

上述调查结果表明,在发生过邻避事件的城市中,45.90% 的市民更重视风险管控技术的可靠性,而 54.10% 的市民则更重视政府的公信力。这一数据与全国平均水平(45.40%/54.60%)相比并无特别显著的差异。根据以上统计结果,政策风险仍然是现阶段市民群体对环境风险感知中的主要风险。对发生过邻避事件的城市来说,这一点与全国其他城市相比并无二致。邻避事件的发生似乎对当地居民的环境风险偏好缺乏显著影响。

统计数据表明,在未发生过邻避事件的地区,市民的环境抗争意愿略高于全国平均水平。其中,不愿参与环保抗争活动的市民占比为 47.60%。略低于 48.70% 的全国平均水平;不过,对抗争活动表现出明显参与意愿的市民占比为 32.80%,与全国平均水平(32.20%)相差无几。以上结果表明,在未发生过邻避事件的城市,居民们对环保

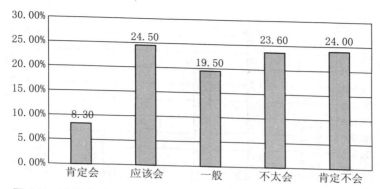

图 6.11　未发生过邻避事件的城市居民的环境抗争意愿统计（2017 年）

抗争活动的态度较全国平均水平相比出现了某些松动，潜在参与者数量并未增加，但拒绝参与者数量却有所下降。

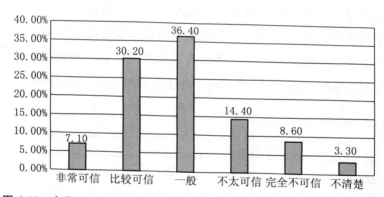

图 6.12　未发生过邻避事件的城市居民对环评报告的信任度统计（2017 年）

　　图 6.12 中的数据表明，在未发生过邻避事件的城市中，选择相信政府环评报告的市民占比为 37.30％，该指标略高于 36.70％的全国平均水平；同时，拒绝相信环评报告的市民占比为 23.00％，同样高于 22.50％的全国平均水平。而对环评报告不置可否或不清楚的市民的比重平衡了这种分化带来的差异。总的来说，未发生邻避事件的城市的市民对环评报告的信任度与全国平均水平相比，存在轻微的两极分化趋势。

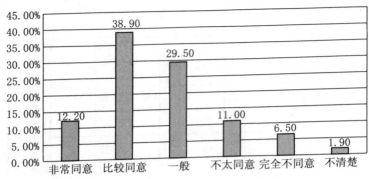

图 6.13　未发生过邻避事件的城市居民对风险管控技术的认可情况统计(2017 年)

根据图 6.13 统计结果,未发生过邻避事件的城市的市民对风险管控技术的整体认可情况略高于全国平均水平。其中,对当前环境风险控制技术表示认可的市民占比为 51.10%,略高于 50.80% 的全国平均水平;而对环境风险控制技术不放心的市民占比则为17.50%,与全国平均水平(17.40%)几乎没有显著差别。以上现象或许表明,发生邻避事件可能会在一定程度上冲击公众对风险管控技术的信心。

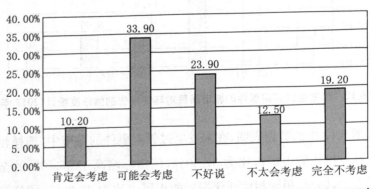

图 6.14　未发生过邻避事件的城市居民的邻避设施接受程度统计(2017 年)

图 6.14 中的数据表明,在未发生过邻避事件的城市,选择接受和拒绝邻避设施的居民占比分别为 44.10% 和 31.70%,而全国平均水平则分别为 42.80% 和 33.20%。由此可见,在未发生邻避事件的城市,市民群体对邻避设施的接受程度略高于全国平均水平和发生过

邻避事件的城市的市民对邻避设施的接受程度。再结合邻避事件发生地从未有同类设施成功落地的经验看来,邻避事件的发生的确会降低当地居民对邻避设施的接受程度。

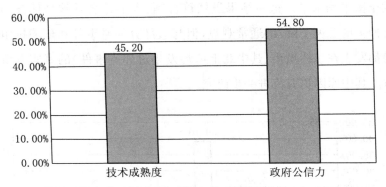

图 6.15　未发生过邻避事件的城市居民的环境风险偏好统计(2017 年)

由图 6.15 可知,在未发生过邻避事件的城市,市民群体的环境风险偏好同样更偏向政策风险。即使与全国平均水平(54.60%)和发生过邻避事件的城市(54.10%)相比,未发生邻避事件的城市的市民也更关注潜在的政策性风险。以上现象可能是因为未发生邻避事件的城市的居民缺乏对此类环境抗争活动的直观认识,而只能通过关注政府在环境方面的政策间接判断潜在风险。政府公信力在环境问题处理中的重要性由此可见一斑。

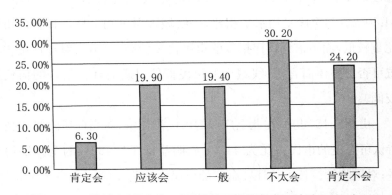

图 6.16　一线城市(北上广深)居民的环境抗争意愿统计(2017 年)

图 6.16 中的数据表明,在一线城市的市民中,对各种环境抗争活动表现出参与意愿的调查对象占比为 26.2%,低于 32.2% 的全国平均水平;不愿参与此类活动的调查对象占比则为 54.4%,高于 48.7% 的全国平均水平。这一结果虽然符合"收入上升会导致个体参与社会冲突的意愿下降"的通常观点,但与大部分邻避事件和环境抗争活动都发生在一线城市(其中北上广均发生过邻避事件)的事实有所矛盾。其中原因仍有待进一步研究。

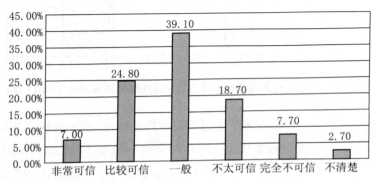

图 6.17　一线城市(北上广深)居民对环评报告的信任度统计(2017 年)

根据图 6.17 中的统计结果,在一线城市的调查对象中,选择相信政府环评报告的调查对象占比为 31.80%;对政府环评报告持不信任态度的受访者比重为 26.40%;不清楚或不置可否的市民占比为 41.80%。与全国平均水平相比,一线城市居民相信环评报告的市民比重较低,而不信任环评报告的市民比重较高,更多人对环评报告不置可否。整体而言,一线城市的市民群体对政府环评报告的信任度较低。

由图 6.18 可知,在北上广深的市民群体中,对当前风险管控技术持认可态度的市民占比为 44.30%,明显低于 50.80% 的全国平均水平;对风险管控技术持怀疑态度的市民占比为 19.80%,高于 17.40% 的全国平均水平。显然,一线城市的市民群体对现行风险管控技术

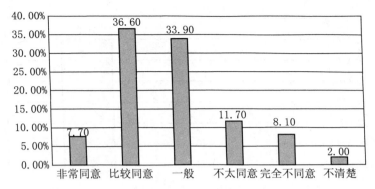

图 6.18　一线城市(北上广深)居民对风险管控技术的认可情况统计(2017 年)

的认可度明显低于全国平均水平。这或许是由于此类城市与其他城市相比,信息通达度较高,面临的社会风险更多,导致居民对风险管控技术多持怀疑态度。

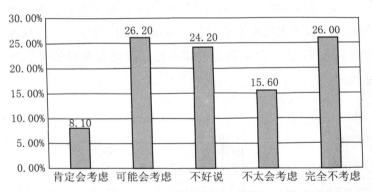

图 6.19　一线城市(北上广深)居民的邻避设施接受程度统计(2017 年)

图 6.19 中的数据表明,一线城市的市民群体对邻避设施的接受程度明显较低:倾向于拒绝接受邻避设施的调查对象占比为41.60%,明显高于 33.20% 的全国平均水平;考虑接受邻避设施的调查对象占比为 34.30%,同样显著低于 42.80% 的全国平均水平。由此可见,一线城市的市民对邻避设施表现出明显的排拒态度,这与一线城市居民相对低下的环境抗争意愿形成了鲜明对比。其中原因则有待进一步分析。

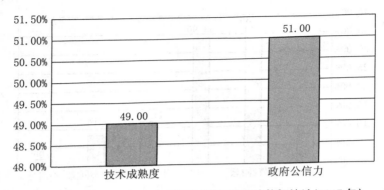

图 6.20　一线城市（北上广深）居民的环境风险偏好统计（2017 年）

图 6.20 中的数据表明，尽管对一线城市居民而言，相对于技术风险（49.00％），政策风险仍然是其眼中的主要风险（51.00％）。但与全国平均水平（54.60％）相比，一线城市居民的政策风险偏好明显偏低。而与之对应的是，市民中关注技术风险的受访者比重出现了一定程度的上升。以上现象可能是因为一线城市市民对政府的信任度低于全国平均水平，故转而试图通过技术路径降低邻避设施及其带来的环境风险。

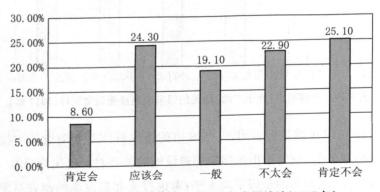

图 6.21　非一线城市居民的环境抗争意愿统计（2017 年）

由图 6.21 中的统计结果可知，在非一线城市居民中，倾向于参与环保抗争活动的调查对象占比为 32.90％，略高于 32.20％的全国平均水平；而不愿参与环保抗争活动的受访者占比为 48.00％，略低于

48.70％的全国平均水平,以及 54.40％的一线城市水平。然而,以上数值上的细微差异并足以得出更进一步的结论。但相对可信的推测是,非一线城市市民的环境抗争意愿应当与全国平均水平相差无几。

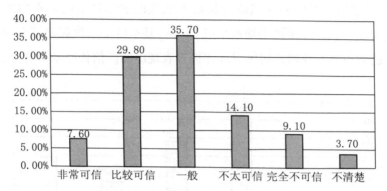

图 6.22　非一线城市居民对环评报告的信任度统计(2017 年)

图 6.22 中的数据表明,非一线城市居民对政府环评报告的整体信任度整体较高。其中,对环评报告持信任态度的调查对象的比重为 37.40％,高于全国平均水平(36.70％)和一线城市水平(31.80％);对环评报告持怀疑态度的受访者比重为 23.20％,相比之下,全国平均水平和一线城市水平分别为 23.5％和 26.4％。显然,对非一线城市的市民群体而言,环评报告具有相对较高的公信力。

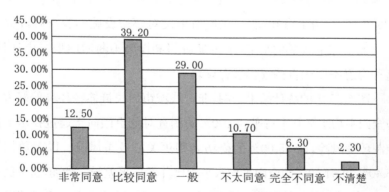

图 6.23　非一线城市居民对风险管控技术的认可情况统计(2017 年)

图 6.23 中的数据表明,非一线城市居民对现行风险管控技术普遍持信任态度:在所有调查对象中,对当前风险管控技术表示认可的受访者所占比重为 51.70%,高于 50.80% 的全国平均水平和 44.3% 的一线城市水平;而对风险管控技术成熟度表示怀疑的调查对象比重为 17.00%,与全国平均水平(17.40%)基本持平。该观测结果与上一题项中非一线城市居民对环评报告表现出的高信任度基本吻合。

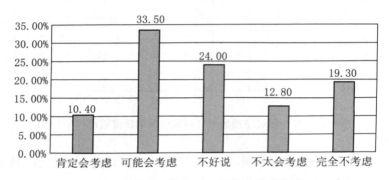

图 6.24 非一线城市居民的邻避设施接受程度统计(2017 年)

图 6.24 中数据表明,在非一线城市中,市民群体对邻避设施大体上保持着相对容忍的态度:在所有调查对象中,考虑接受邻避设施的市民所占比重为 43.90%,略高于 42.80% 的全国平均水平;倾向于拒绝邻避设施的调查对象占比则为 32.10%,低于全国平均水平(33.20%)。由上可知,非一线城市市民对邻避设施的容忍程度高于一线城市和全国平均水平,不过随着邻避设施不断向内地城市迁移,这种容忍态度能否持续仍然存疑。

图 6.25 中的统计结果表明,非一线城市居民群体在环境偏好方面与全国平均水平基本持平:45.00% 的调查对象更倾向于通过技术手段控制环境风险,而 55.00% 的受访者则更关心政策风险。以上数据与 45.40% 和 54.60% 的全国平均水平相比并无显著差异。然而,这种面对时环境风险时的初始风险偏好很可能会在环保问题的扩散与环境风险的蔓延中不断演变,但是否会出现类似于像一线城市的变化仍不得而知。

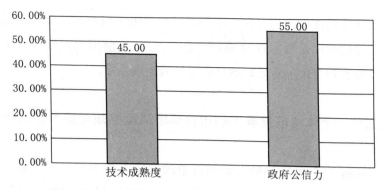

图 6.25　非一线城市居民的环境风险偏好统计（2017 年）

表 6.1　城市类型与环境风险感知/抗争意愿的列联分析（2017 年）

		是否发生邻避事件	是否为一线城市
环保抗议活动参	Chi-Square	5.780	14.092
	Sig.	0.216	0.005
环评信度	Chi-Square	13.769	12.513
	Sig.	0.017	0.028
技术风险管控情况	Chi-Square	14.281	13.867
	Sig.	0.014	0.016
风险设施接受度	Chi-Square	8.685	19.315
	Sig.	0.069	0.001
风险偏好	Chi-Square	2.608	2.569
	Sig.	0.106	0.109

　　为进一步探究国内市民群体的环境风险感知和抗争意愿的地缘差异，本书以"是否发生邻避事件"和"是否为一线城市"为基准，对不同类型的城市市民的环境风险意识进行了列联分析。分析结果表明，邻避事件的发生与否，与市民群体对环评报告和技术风险管控水平的信任程度有密切关联，也会在一定程度上影响市民对邻避设施的接受程度；同时，一线城市市民与其他城市市民相比，不论是在环保抗议活动参与、对环评报告和风险管控技术的信任程度，以及邻避

设施接受程度方面均存在一定差异。二者唯一没有统计意义上的显著差异的指标是环境风险偏好。总而言之，当前国内市民群体的环境风险感知与抗争意愿的确存在明显的地域差异。

第三节　个体特征差异下的市民环境风险感知与抗争意愿统计

如前所述，环境风险意识和抗争倾向带有相当的主观色彩。换言之，不同背景、阅历、学识和性格特征的居民的环境风险和抗争意识可能存在显著差异。不过，根据对环境风险的敏感程度以及抗争意愿的强度，仍可将环境风险和抗争意识千差万别的市民分为相对敏感，抗争意愿较高的风险高敏群体和与之相反的风险低敏群体；另外，不同人对环境风险的关注焦点亦不尽相同：有些市民更关注技术风险，其他市民则更关注政策风险。本节分别从性别、年龄、学历三个维度，比较邻避风险高敏群体和低敏群体，以及不同风险偏好群体的个体特征差异。

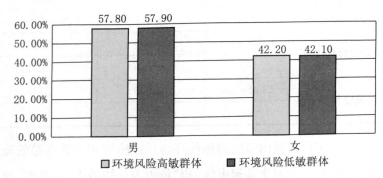

图 6.26　不同环境风险敏感群体的性别差异统计（2017 年）

由图 6.26 可知，在性别方面，环境风险高敏群体与低敏群体几乎没有显著差别：在环境风险高敏群体中，男性占比为 57.80%，几乎与低敏群体的 57.90% 持平；而女性则占环境风险高敏群体的 42.20%，同样与低敏群体的 42.10% 相差无几。实际上，在历次邻避事件与环境风险的相关研究中,调查对象的性别对其风险感知很少存在显著影响。以上观察结果也基本印证了这一研究结论。

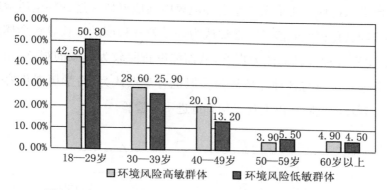

图 6.27　不同环境风险敏感群体的年龄差异统计(2017 年)

图 6.27 中的数据表明,接近半数的环境风险高敏群体(42.50%)集中在 18—29 岁,不过在该年龄段,风险低敏群体的比重要明显高于高敏群体(50.80%)。值得注意的是,在 30—39 岁、40—49 岁的年龄段,环境风险高敏群体的比重要高于低敏群体,而这一年龄段与正处于人生起步阶段的 18—29 岁相比,正是个体年富力强,掌握社会资源和动员能力最为丰富的阶段。环境风险高敏群体中的社会中坚力量占据较高比重,可能会增加环境治理的挑战性。

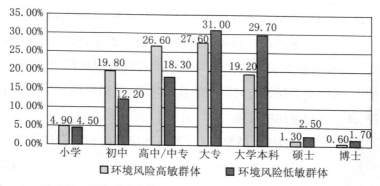

图 6.28　不同环境风险敏感群体的学历差异统计(2017 年)

由图 6.28 可知，在高中学历之前，环境风险高敏群体所占比重明显高于环境风险低敏群体，而在高中学历之后，大专学历以上，环境风险低敏群体的比重又反超了环境风险高敏群体。这种环境风险敏感度随文化程度的消长通常被认为是受教育程度的增长导致个体获取、识别各种信息的能力提升，从而能够排除较为偏激的观点，相对理性地看待当前各种环境风险。但也有观点认为，高学历者更容易感知到环境风险。以上观点均有待进一步检验。

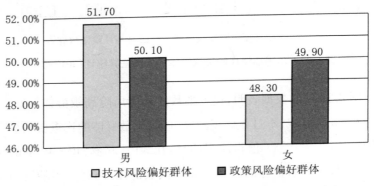

图 6.29　不同环境风险偏好群体的性别差异统计（2017 年）

根据图 6.29 中的数据，两性在环境风险偏好方面似乎存在一定差异：在技术风险偏好群体当中，男性占比为 51.70％，女性占比为 48.30％；而在政策风险偏好群体中，男性占比为 50.10％，女性占比则为 49.90％。考虑到在之前基于地域的所有分类中，政策风险均超过技术风险成为公众关注的主要环境风险。以上数据似乎表明，与女性相比，男性更重视邻避问题中的技术风险，并更倾向于从技术角度审视、评估和控制环境风险。

由图 6.30 中的统计结果可知，不同环境风险偏好群体在各年龄段上并无明显差异：在 18—29 岁、30—39 岁和 40—49 岁三个调查对象相对集中的主要年龄段上，两类风险偏好群体所占比重的差异多数在 1％以内，最大差异不超过 2％。由此可见，两种风险偏好群体在

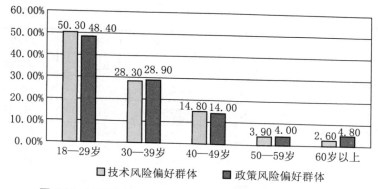

图 6.30　不同环境风险偏好群体的年龄差异统计（2017 年）

不同年龄段上呈现出平均分布的态势。换言之，在缺乏集中分布的情况下，特定年龄段的风险偏好群体很难以此为焦点进行社会动员。

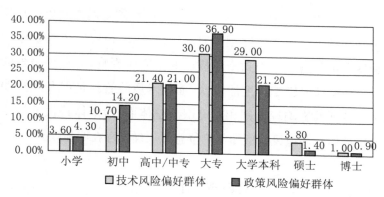

图 6.31　不同环境风险偏好群体的学历差异统计（2017 年）

表 6.2　市民个体特征与环境风险感知/抗争意愿的列联分析（2017 年）

		性别	年龄	学历
环保抗议活动参	Chi-Square	28.396	61.090	157.625
	Sig.	0.000	0.000	0.000
环评信度	Chi-Square	58.771	176.215	184.313
	Sig.	0.000	0.000	0.000

		性别	年龄	学历
技术风险管控情况	Chi-Square	6.284	94.377	129.200
	Sig.	0.280	0.000	0.000
风险设施接受度	Chi-Square	28.523	94.639	91.319
	Sig.	0.000	0.000	0.000
风险偏好	Chi-Square	0.984	12.837	67.037
	Sig.	0.321	0.012	0.000

为了研究个体特征与市民群体的环境风险感知和抗争意愿的关联,本书对各项个体特征指标与环境风险感知和抗争意愿指标进行了列联分析,并得到如表6.2所示的分析结果。由表6.2中的数据可知,学历(或文化程度)与市民群体的环境风险感知以及抗争意愿的关联最为密切,年龄的关联程度居其次,而性别与调查对象的环境风险感知和抗争意愿的关联则相对有限。此外,市民对风险设施的接受程度和抗争意愿均受到个体特征的全方位影响,对环评报告的信度受个体特征的影响程度居其次,而技术风险管控情况和风险偏好受个体特征的影响程度则相对有限。整体而言,个体特征不尽相同的市民群体在环境风险感知与抗争意愿上确实存在明显差异。

第四节 小 结

首先,当前国内市民的环境风险意识和抗争意愿整体而言并不十分强烈。尽管多数市民倾向于最大限度地回避邻避设施及其所带来的环境风险,甚至有部分市民不惜通过集体抗争行动将邻避设施拒之门外,但对包括技术风险和政策风险在内的各种环境风险意识不充分,对环境抗争持观望甚至消极态度的市民也大有人在。然而,这并不意味着政府可以对城市治理中的环境问题掉以轻心:从调查数据看来,公众对环境风险的不敏感很大程度上是以政府公信力为背书的——这点从公众对风险管控技术、政府环评报告的整体信任程度以及对环境风险中的政策风险的关注度便可见一斑。而且这种信任也绝非坚不可摧，从统计结果看来，一旦政府在邻避事件中因处突不当导致政府公信力受损，市民的环境风险意识和抗争意愿便会有所抬头。

其次，当前国内市民群体的环境风险意识和抗争意愿在地域空间分布上存在一定差异。一方面，调查结果表明，与二、三线城市相比，一线城市的市民对环境风险更敏感，面临环境问题时对政府的信任度也较低，但在抗争意愿上却表现得"心口不一"。而其他城市的市民虽然对环境风险的敏感度处于全国平均水平，但其抗争意愿却明显高于一线城市的居民甚至全国平均水平。另一方面，相对于未发生过邻避事件的城市，发生过邻避事件的城市的市民不仅对邻避设施的容忍程度有所下降，对政府的风控能力和环评信息也表现出一定的不信任态度，并开始倾向于从技术层面感知环境风险。耐人寻味的是，邻避事件的发生似乎在某种程度上降低了市民群体参与环境抗争活动的意愿。不过，这种抗争意愿的下降可能并不代表环境风险引发的社会矛盾消失，甚至可能意味着矛盾的潜伏与积累。

最后，背景、阅历和生活环境不尽相同的市民群体，在环境风险感知与抗争意愿方面也表现出了一定差异。从统计数据看来，当前市民中的环境风险高敏群体主要集中在 30—49 岁，中低文化程度的社会群体中。在环境风险偏好方面，初步统计结果显示，不同环境风险偏好的居民不论是在性别、年龄，还是在文化程度方面的分布大都较为均衡。换言之，个体特征指标对市民群体的环境风险偏好的影响可能缺乏统计意义上的显著性。这似乎与"个体特征影响人们的环境风险感知与应对策略"的传统学术观点存在一定出入。然而，相比之下，邻避风险高敏群体和低敏群体间在个体特征方面的差异又是确实存在的。但是，导致上述悖论的原因仍然不得而知，有待后继研究的深入发掘。

尽管各种内在或外在因素造成了市民群体在环境风险感知与行为策略方面的显著差异，但一言以蔽之，以上因素本质上是通过影响个体对相关信息的了解程度，来左右市民对环境风险的感知及其抗争意愿：邻避设施在技术层面的安全性和可靠性、政府在推行邻避政策的过程中采取的种种措施、各种新闻媒体对环境问题和邻避事件的报道，以及公众之间的口耳相传，无不释放着关于特定邻避设施的环境风险的相关信息，而性别、年龄、文化程度以及个性不尽相同的市民在对环境风险相关信息的感知和判读上更是千差万别。这种信息方面的不对称性，是市民群体环境风险感知和抗争意愿差异的主要成因。而在特定情况下，这种信息失衡会被极端放大，从而引发围绕环境问题产生的社会冲突。换言之，邻避问题的治理，在某种程度上也可以理解为从内外两方面因素对环境风险信息的再平衡。

如前所述，外在环境风险可以分为技术和政策两个维度。所以，从外在因素对环境风险信息的平衡也主要从以上两方面入手。其中，在技术风险层面，考虑到当前行业隔阂产生的信息高度不对称性，单方面向市民群体宣传邻避设施技术的成熟性和风险管控的可靠性已被证明是缺乏实效的。而想要克服这种技术层面的风险信息失衡，可以考虑让设施周边的市民实地参观样本设施，在设施落成后动态发布监测数据等方式，通过具象化的方式使市民形成对抽象的技术可靠性的认知；在政策风险层面，政府应当在邻避政策决策和执行过程中做到程序合法合规，避免程序失当引起公众质疑，甚至引发对设施潜在风险的过度放大。同时，在补偿方面，尽量避免采取经济补偿等将原本难以估量的邻避设施负外部性货币化的措施，而是采取诸如建造、修缮公益设施等方式冲抵邻避设施产生的环境风险。

对邻避问题治理而言，面向市民群体的环境风险信息公开同样必不可少。然而，传统的"自说自话"式的宣传显然无法有效涵盖风险感知能力不尽相同的市民群体。因此，有必要从环境风险敏感人群和市民主要环境风险偏好两方面选择策略。一方面，针对调查中反映出的环境风险高敏群体以中低学历为主的中青年群体的特点，在邻避政策推行过程中应尽量采取通俗易懂，符合该群体心理特点的宣传方式；另一方面，根据统计结果反映出的市民对环境风险的偏好，邻避政策各环节出现的问题均可能放大市民心目中设施潜在的环境风险，甚至引发集体恐慌。有鉴于此，政府应当特别注意因决策程序失当、政策推行欠妥，和处突不力而产生的政策风险。唯有充分涵盖环境风险偏好不同的市民群体，才能降低邻避政策在市民当中引发的集体恐慌，进而为邻避问题的治理提供缓和与协商的窗口。

第七章　对　策　建　议

第一节　当前国内环保治理的成就回顾与问题分析

本书的调查结果表明,当前国内市民群体不论是对所在城市环境质量的认知,对地方政府在环保方面的工作绩效的评价,还是自身的环保意识与环保态度,较往期调查相比均发生了明显的变化。以上变化一方面表明党和国家近年来对环保问题的关注,以及在环境问题治理方面的投入正逐渐起效,城市人居环境较往期相比出现了一定改善;另一方面也意味着随着生活质量不断提高,广大市民群体对环境问题的关注度也与日俱增。了解、关心环境的民众数量在持续增长,越来越多的市民也愿意在力所能及的范围内投身到环境问题的治理中去。从调查结果看来,现阶段我国在环境治理方面取得了以下成就:

首先,经过上一阶段的治理,水体污染和食品安全等广大市民普遍关注的环境问题有所改善,城市整体环境质量也出现了相应提升。调查结果显示,与往期调查相比,本次调查所涉及的大部分城市在水源安全和食品安全方面均有不同程度的进步,调查对象对所在城市的饮用水与食品安全的评价有所提升。以上评价的改观在受访者对当地整体环境质量的评价、对政府环保绩效的评价,以及对未来环境问题能否得到有效治理的信息中也同样有所体现。这表明随着环境问题日益得到重视与环保投入的不断增加,我国主要城市的人居环境近年来的确有所改善。

其次，地方政府在环保治理方面的整体绩效有所提升，各级政府在环境问题方面的投入以及取得的成绩正逐渐被广大市民所认可，公众对政府解决环境问题的信心也在持续增长。从本次调查结果看来，市民群体对地方政府在环保治理方面的绩效评价所集中的分数段不仅较高，且与往期调查相比也有着显著提升；与此同时，公众对地方政府解决当地环境问题的信心也出现了同步上升。以上情况表明，各地方政府在环保领域的持续投入正在逐步为广大市民所接受和认可。以上成绩无疑是广大政府工作人员对市民们治理各种污染与生态问题、改善城市人居环境的诉求的最好回应。

最后，当前城市居民不仅对环境问题的关注度较往期相比持续上升，而且其环境意识、对环境问题的认识，以及（在自身力所能及的范围内）参与环境治理的意愿也随之不断上升。在本次调查中，大多数调查对象虽然对环境问题的认知不尽相同，但普遍对环境问题表现出明显的关注，而且在面对环境质量和经济发展的抉择时，也更倾向于优先保护环境，或至少对二者采取并重的态度。此外，广大市民群体的环保意识也在持续加强，不仅对垃圾分类、自带购物袋、禁燃鞭炮等环保行为持普遍认可态度，而且也愿意在自身能力范围内捐助环保事业，或参与到环境问题的治理中去。

然而，尽管我国在环保工作的方方面面取得了明显的成绩，但现阶段国内环境问题依然不允许人们掉以轻心。而唯有正视当前环保工作中的主要问题，才能有针对性地提出相应的政策建议。从调查结果看来，当前国内城市环保工作主要面临着：（1）国内地域差异显著，不同地区主要环境问题不尽相同；（2）地方政府在面对区域性环境问题时大多采取"头疼医头，脚疼医脚"的态度，且多数地方政府在环保工作的具体环节上仍有需要改善之处；（3）不同市民群体间的环境意识和环保态度存在明显差异，有效动员不同背景、不同阶层的城市居民以公共参与的方式治理环境问题面临诸多挑战。以上主要问

题的具体表现如下:

首先,当前国内不同城市的地域分布、经济发展状况和面临的主要环境问题均存在显著差异。这种在各种复杂因素作用下产生的差异又为城市环境问题的治理带来了挑战。例如,北方城市由于气候相对干燥,且城市主要产业多以第二产业为主,由此导致当地空气污染和水源匮乏的问题久治不愈,成为阻碍城市人居环境建设的顽疾。而在产业升级的大背景下,此类受制于产业瓶颈的城市即使在政策加持的情况下,也难以在短时间内提升经济活力,为治理环境问题筹措到足够的资源。随着欠发达地区环境问题每况愈下,由此产生的负面影响也逐渐向周边地区蔓延开来。

其次,地方政府尽管在环境问题的治理上有所投入,但在环境问题治理过程中仍然存在需要改进之处。从调查结果看来,市民群体虽然对当地政府的环保工作绩效持肯定态度,对政府解决环境问题的信心也在增长。然而,在环保信息公开方面,大多数地方政府与往期相比虽有所进步,但仍然有一定改进空间。从以往的环境问题治理经验看来,确保环保工作透明化,积极向社会大众公开相关信息,有助于取信于民,为环境问题治理的公共参与构建良好的社会基础。另外,当前地方政府治理环境问题时往往注重于水体污染、食品安全等焦点问题。尽管这种做法有其合理之处,但在统筹协调与大局观方面仍有所欠缺。

最后,随着环境问题的种类与日俱增,影响范围不断扩大,受其波及的人口数量也不断增加。在当今社会,广大公众既是各种环境问题的主要影响对象,也是治理各种环境问题的主要力量。唯有设法调动群众的积极性,引导市民群体积极有序地投入环境问题的治理中,才能有效填补地方政府在环保工作中的空白。但从调查结果看来,当前城市居民虽然普遍对环境问题表现出高度关注,愿意在诸如自备购物袋、垃圾分类、禁燃鞭炮等问题上有所行动,但当面临环保义工、汽车限行等与切身利益相关度较高的问题时,就明显表现出犹豫态度。此外,如何调动不同年龄、学历和收入的居民参与环境治理,也是环保工作面临的一项挑战。

第二节　关于当前环境问题治理的政策建议

根据对现阶段我国环保工作取得的成就与主要问题的分析可知,当前我国城市环境问题治理的政策制定既应当考虑国内不同城市的地理位置、自然环境和产业差异,也应当考虑到地方政府在环境方面的基本策略以及地方政府在本区域内和跨区域环境问题治理中的组织协调问题,同时还应当注意调动广大市民们的积极性,通过公共参与补充政府在环境问题治理方面的空白之处,最终形成一套从环境治理的主要问题出发,基本涵盖宏观、中观和微观层面,兼顾政府与社会等环境问题治理主体的系统化政策建议,从而为当前国内城市的环境问题治理提供参考和借鉴。

首先,在宏观层面,从当前我国城市面临的环境问题看来,北方城市不论是在综合污染程度、水污染、食品安全,还是污染对当地居民健康的影响程度,整体上均普遍高于南方城市;而且,沿海城市的整体环境质量高于内陆城市,发达地区城市的整体环境质量高于欠发达地区的城市。然而,同一地区、同一类型的城市所面临的环境问题往往存在高度相似性。例如,北方城市普遍面临水体污染、工业城市的综合污染程度普遍较高,且空气污染尤为严重。有鉴于此,宏观层面的环境问题治理应当充分考虑到环境问题的地域性,针对特定环境问题制定区域性环保政策。具体的政策包括:(1)根据环境问题的区域分布特征,同时结合市级行政单位区划,以主要环境问题类型为基准,对该类环境问题波及的主要城市进行聚类;(2)建立针对特定环境问题治理的公共数据库与资料库,并从存在此类环境问题的城市中收集环境监测指标、市民评价、环保治理策略以及治理后效等数据,并将此类数据作为城市环保绩效评比考核的依据;(3)在此基础上，实现治理经验与策略的互通共享，面对相同或近似环境问题的城市，可以从公共数据库中获取其他城市的成功案例，为治理当地环境问题提供借鉴；（4）对以上公共数据库进行持续性管理维护，包括但不限于及时上传和更新所有涵盖城市的环保数据、核实和更新资料库与案例库等，确保环保信息的准确性与时效性。总之，在宏观层面建立起基于环境问题的城市环境治理的数据平台，是进一步向中观和微观层面推行环保政策的必要保障，也是环保政策逐步细分、落实的有力支持。

其次，在中观层面，一方面应培养地方政府治理环境问题时的大局观和整体意识，这种大局观和整体意识既包括对当地环境问题的统筹认知和综合治理，也包括在面对区域性环境问题时与周边城乡政府部门的协同与合作精神；另一方面，则应进一步提升地方政府的环保信息公开程度。其中，培养地方政府在环保工作中的大局观和整体意识需要以下配套政策：（1）从制度层面上建立新的环保绩效考评机制，一方面对地方政府的环保绩效实行有侧重的全面考评，以避免地方政府只关注当地环保领域的焦点问题，采取"头疼医头、脚疼医脚"的治理政策，而忽视其他相关领域的环境问题；另一方面推行环境问题的区域治理，并尽快完善不同地方政府在区域治理过程中的权责划分和考核体系。（2）提升城市政府的环保信息公开程度。从调查结果看来，当前国内主要城市尽管在环境问题治理上多有投入，也取得了一定成绩，但政府的环保工作仍有诸多需要改进之处。特别是在环保信息公开方面，受访者虽然能够感受到周边环境的改善，但普遍认为政府在环保信息公开方面仍需要加强。而大量环保工作实践表明，及时公开环保信息有助于协调政社关系，避免各种不必要的官民冲突，且能够为共治体系提供良好的基础。有鉴于此，各城市政府有必要依法公开环保信息并逐步扩大环保信息的公开范围。（3）加强对各级政府官员的培训工作。不论是培养环保工作中的大局观与整体意识，还是在区域环境问题的治理过程中与其他地方政府相互协调,均有赖于政府官员的职业素养和工作能力。因此,唯有加强对地方政府官员的培训,才能确保环保的配套政策落到实处。

最后,在微观层面,则需要针对不同社会群体的环保意识、环保态度以及环保参与意愿,引导广大市民参与到环境问题的治理中来,并借此建立政社双方的良性互动机制与制度化、有序的公共参与机制,最终形成城市环境问题的社会共治体系。当前各类环境问题不仅层出不穷,而且影响范围也在不断扩大。各级政府近年来虽然在环保方面多有投入,但想要涵盖环境问题的方方面面,难免力有不逮。与此同时,随着城市经济发展与市民生活水平的不断提高,广大居民对环境问题的关注程度也不断上升,并且在不同程度上表达出参与环境问题治理的意愿。因此,充分调动广大公众参与环保事业的积极性,合理引导市民群体通过有序参与的方式投入到环境问题的治理中去,能有效填补政府在环保工作中的空白与不足之处。然而,不同背景、身份和阅历不尽相同的市民在环保意识和环保态度方面亦不尽相同,所以在发动和引导公众参与环保工作时也应当充分考虑到以上差异。具体而言,在调动市民群体参与环保工作,在环境问题领域建立政社共治体系的政策建议如下:(1)进一步加强对环境保护工作的宣传力度,特别是对公众常见的环保误区进行有针对性的科普宣传。例如,组织各种开放式、参与式的环保科普活动,带领居民参观净水厂、固体废弃物处理设施,在提升市民群体的环保认知的同时,提升公众参与环境问题治理的意愿。(2)从公众力所能及之处出发,在继续鼓励市民进行垃圾分类、环保出行的基础上,利用节假日开展诸如植树种草、清理社区环境等各种规模适度,与市民日常生活密切相关的环保活动,从而提升公众对环保公益事务的参与意愿。(3)以重大环保项目为契机,组织引导设施周边居民参与项目的环境立项、评估与日常运营监管,在环保问题上建立政社协商共治机制,并将该机制逐步推广到各种环境问题治理中去,以实现环保事业公共参与的常态化，补充地方政府在环保工作中的空白与不足之处。

第三节　小　　结

整体而言，经过上一阶段国家的持续投入、各级政府工作人员的共同努力以及广大市民群体的普遍支持，当前国内大多数城市的环境问题的确有所改善。不论是公众对环境质量的主观评价，还是对政府环保工作的认可与信心，都有所提升。然而，尽管在环境问题治理上取得了阶段性成就，我们仍然应当看到，在下一阶段的环保工作中，各城市依然面临着诸如环境问题复杂多变，政府环保工作能力有待提升，以及如何引导、调动环保认知与环保意识不断上升的市民群体参与到环境问题治理中去，并形成制度化、常态化的共治体系的问题。

针对以上情况，应当在充分研究当前城市环境问题的基础上，建立起涵盖政府和社会，多主体协同治理的共治体系。在政策上实现以上目标，首先需要对不同城市的环境质量进行有效监控，从收集到的数据中解析不同城市存在的环境问题及其治理策略，并建立数据库和案例库，以为后继的综合整治提供必要的决策支持；随后，则需要建立统筹性的政策体系，并加强对各级政府官员的培训与考核，在行政层面建立起不同区域、城市的环保合作机制，以应对各种区域性的环境问题；最后，则需要根据不同社会群体的特点，充分引导和调动广大市民参与到环保治理中去，并建立起制度化、常态化的环保共治机制。

总之，环境问题正在成为制约当前城市发展的瓶颈，也为城市治理的进一步深化带来了机遇和挑战。一方面，在城市经济发展和基础设施建设相对饱和的情况下，想要进一步创造经济发展空间，改善城市的宜居性，提升市民的幸福感，就必须要治理好环境问题。毕竟，绿水青山就是金山银山。另一方面，治理环境问题，也是建立政社间的良性互动,鼓励引导市民群体进行有序的公共参与的理想契机。群策群力的共治体系不仅是当前环保治理的必由之路,也是未来应对各种城市问题的坚实基础。总之,相信在党和政府的领导下,在政府工作人员的努力和广大市民的支持下,城市环境问题会被逐渐解决,所有城市也会迎来更为美好的明天。

图书在版编目(CIP)数据

中国城市居民环保态度蓝皮书.2018/钟杨主编.
—上海:上海人民出版社,2018
ISBN 978-7-208-15230-4

Ⅰ.①中…　Ⅱ.①钟…　Ⅲ.①城市-居民-环境保护
-环境意识-调查报告-中国-2018　Ⅳ.①X24

中国版本图书馆 CIP 数据核字(2018)第 124570 号

责任编辑　刘林心
封面设计　夏　芳

中国城市居民环保态度蓝皮书(2018)
钟　杨　主　编
王奎明　副主编

出　　版　上海人民出版社
　　　　　(200001　上海福建中路 193 号)
发　　行　上海人民出版社发行中心
印　　刷　常熟市新骅印刷有限公司
开　　本　635×965　1/16
印　　张　12
插　　页　4
字　　数　154,000
版　　次　2018 年 7 月第 1 版
印　　次　2018 年 7 月第 1 次印刷
ISBN 978-7-208-15230-4/X·2
定　　价　48.00 元